U0013896

實戰智慧館 471

OKR 之父 葛洛夫給你的一對一指導

如何管理上司、同事和你自己

One-on-one with Andy Grove

How to Manage Your Boss, Yourself and Your Coworkers

安德魯・葛洛夫（Andrew S. Grove）著

吳鴻 譯

新版推薦導讀

從OKR打造創新力與執行力

陳朝益（前英特爾台灣、中國香港區總經理／企業教練）

「創新與執行」無疑是企業高速成長的關鍵，它的成效來自於企業文化的根基，即領導人如何帶頭做。英特爾（Intel）正是這樣的企業，在葛洛夫博士領導下的時代，展現了非常外顯且強勢的風格。而《OKR之父葛洛夫給你的一對一指導》這本書提供了一個捷徑，即使是組織外的人，也能經由書中不同的案例體驗葛洛夫的管理奧祕，個人有幸能在體制內經歷本書所提到的大部分管理精髓。

葛洛夫非常重視「坦誠、直接、尊重員工價值」，本書中不時呈現這個精神。我反思剛進英特爾時，對組織文化不太理解，新辦公室的裝潢比照台灣辦公室的設計，有會議室也有主管辦公室。葛洛夫第一次訪台時曾開玩笑說：「David，你的房間比我的還大哦？」他離開後，一打聽才知道他的辦公室只是個隔間，於是我趕緊拆掉房間變隔間。

這是我正式融入組織文化的第一步，他的幽默化解了我的尷尬，讓我覺得受到尊重。

葛洛夫對於創新的挑戰也令我印象深刻。一九八五到九〇年間，電腦科技經歷了許多技術上的變化，也影響了商業模式，最極端的案例就是「CPU in the box」（盒裝CPU）。我們以前被告知不可用手碰觸CPU，因爲手上的靜電可能傷害它，但我們看見台灣「組裝電腦」的趨勢正在蔓延，客戶不只是企業客戶，而是更多的個人用戶，需要一粒一粒的買和賣。我們應該如何處理因應這個機會和挑戰呢？又該如何避免人爲破壞並釐清責任歸屬？我們透過各種機會將這個趨勢和需要告訴總部的主管，但因爲技術問題被擋了下來。直到有一次葛洛夫來訪，我們帶他去拜訪中華商場和北京的中關村，他當場做出決定「盒裝CPU」並說「這是不可擋的趨勢」，而技術問題將由他負責解決。結果，一個月後貨就到了，開啓了電腦市場的新篇章。

還記得一九八七年，有一次我們兩人在洗手間碰到，我問他今年是否有機會訪問台灣，他要我安排一下，於是這件事就敲定了。當時台灣的電腦產業剛萌芽，我事前請教他訪問的重點，他告訴我以員工和客戶優先，有多餘時間再面對媒體。當時有位員工在公開場合問他：「Andy，你今年的工作目標是什麼？如何評估你的績效？」他簡明地陳述自己正專注的主題和目前進度，這才知道，原來他自己也有「目標管理」（management by objectives, MBO），這和我們每一位主管在做的事沒有什麼不同。

說到MBO，我初入英特爾時，我和主管的季度績效評核便是來自於它。經歷了三十餘年的歷練，MBO不是不見了，而是葛洛夫根據它的模型進行改良，也就是今天的「目標與關鍵結果」（objectives and key results, OKR）。OKR的管理方式促成了Google的成功，也吸引許多企業競相採用。

不管是MBO或OKR，要能運作出效益有兩個重要根基，一是「使命驅動，價值驅動」（Purpose-driven, Value-driven），即「主動積極，以終為始，要事優先」；另一個是「self-accountability」，即「自我承諾承擔」，而這就是MBO最基本的精神。

那麼，MBO如何運作呢？首先是why，即為什麼要做這件事。這起始於使命目標（總目標）的定義釐清，是自我的覺察後產生工作意義和熱情的泉源。其次是how，即如何達成總目標。我們可以拆解出哪幾個「次目標」能有效達成總目標，以及哪幾個是關鍵選項，這是目標重要和優先價值的選擇。最後是what，即該採取什麼行動能有效達成每一個次目標，以及如何期待產出並評估它的績效。這是關鍵結果和當責的展現。

因此，幫我們定義次目標時，只能濃縮在四個主題以內，太過寬廣會喪失專注和衝擊的力量，同時也需要兼顧軟實力和硬實力的增長。時間軸可以拉長些，比如組織發展、人才培育……等等，行動計畫的評估方式不似「關鍵績效指標」（key performance indicators, KPI），不一定是零和一的選擇，它需要一場對話。

OKR的理論框架根據MBO變型而來，是近年來企業力求突破與改革的管理方法。

不同於MBO著重「目標」的重要性，OKR強調除了設定具有挑戰性的目標之外，還要根據目標訂出三至四個關鍵成果，讓參與者知道自己「要做什麼」以及「怎麼做」。OKR最大的特色之一是「溝通」，讓公司或主管了解員工想法，這在本書中葛洛夫的回答裡都可見其精神。他強調，最有用的管理方法就是定期安排「一對一」的會談（參第二章），透過這個平台，主管可以教導和指導部屬，也能直接了解部屬的問題、看法和工作狀態。而除了「一對一」，葛洛夫認爲「遠距管理」也是良好的溝通方法（參第十二章），例如英特爾的辦事處和工廠分散在不同的地點，透過電話或通訊方式，不僅解決千里迢迢只爲開會的時間與金錢浪費，還能有效即時解決問題。

另外，葛洛夫曾指出，執行OKR的用意之一就是要提高專注力，唯有專注，才能知道什麼是組織的當務之急，進而做正確判斷。然而管理者的決策究竟是獨裁抑或果斷，在於他是否掌握時機。葛洛夫指出，當管理者聽取大家的意見、也有了達成決策的準備，這時進行決策會讓部屬願意服從，可以說，管理者做決策時需要部屬的支持，而這正好也呼應前面提到的「溝通」。關於葛洛夫的管理智慧，本書第十一章〈如何做出好決策？〉充分展現。

但無論是MBO或OKR，創新力和執行力可說是組織發展的命脈，但是它需要「強勢外顯的領導力」和「合適的管理工具」才會見效，這是我在英特爾所學習到的。

我也將這套思路架構在自己的生命裡。在生命的不同階段，每到年終，我會重新反思，並更新自己下個階段的使命和願景、如何達成，同時重新定義個人下個階段的生命價值目標，究竟哪些事重要、哪些事應優先、哪些事需要放下，包含家庭、工作、社會參與和服務、個人生命增長等，透過自省與設定，讓自己在生命不同階段能有更具意義的行動目標。此外，每個週末撥出兩小時做自我反思和前瞻計畫，我稱之爲「價值飛輪」，例如下週應該做什麼事、期待什麼結果（key results expected）。總之就是沒事找事做，不斷提升自己、給自己挑戰，即使是今天已退休的我，同樣力行不悖。

如今回想，我有幸能有機會與葛洛夫共事，體驗了他的管理風格與哲學，亦深受影響。《OKR之父葛洛夫給你的一對一指導》這本書擴展了身爲主管、下屬或個人的工作思維，細細體悟，相信你也能有效溝通、掌握效率、樂在工作！

新版推薦序

正確態度與職場三觀讓你無往不利

張國洋（《大人學》共同創辦人）

職場成功，你需要專業能力。但專業能力要能成功展現並讓主管客戶認可，你其實更需要正確的工作態度與思維！

葛洛夫在《OKR之父葛洛夫給你的一對一指導》這本書中不談策略、不談管理，而是給年輕工作者正確的職場態度。當你具備正確的態度與職場三觀，再搭配充分的專業能力，你將可以無往不利！

新版推薦序

企業領導者的處事之道

溫金豐（國立交通大學教授兼經管所所長、管院副院長）

有幸再讀安德魯．葛洛夫所寫的這本暢銷書《OKR之父葛洛夫給你的一對一指導》，文中許多生動的問答，一貫的坦率精準溝通，充滿了智慧及其對工作與生活的深刻體驗。閱讀過程中，我經常想像葛洛夫在企業中的工作何等繁忙，但是面對四面八方而來的各種詢問，他都能夠抽空耐心回覆，其對讀者及其他工作者的關心，實在非常令人佩服！

本書的主軸圍繞著「人」的議題，主要是透過實際的例子討論工作者如何面對上司、部屬、同事、顧客及自己。這讓我想起在組織管理領域中，對於工作者產生貢獻的四階段論：

一、仰賴他人產生貢獻：指初接觸一個職務通常需要虛心請教、接納他人意見，快速學習貢獻之道。

二、獨立產生貢獻：當專業能力成熟後，工作者要能設定高目標，嚴以律己以做出貢獻。

三、透過他人產生貢獻：有些工作者除了自己持續產生貢獻之外，還能領導團隊及部門產生貢獻。

四、透過策略性作為產生貢獻：透過領導整個企業組織，規畫與執行策略，進而產生貢獻。

這幾個階段在個人的生涯中常會多次循環，尤其在進入新組織、新部門或新職位時，通常會重新經歷一次，只是各階段持續期間可能長短不同。

本書內容雖然不是依照這些階段進行討論，不過隱約可以發現，葛洛夫的管理基本思維就是每個人都應該先管理好自己，了解自己的不足與焦慮，且要能自律、以結果為導向，並坦誠面對問題、盡力解決。

所以，當我們初到一個新環境時，有不足之處便要能虛心學習，多請教同事及上司。一旦成為成熟的專業工作者後，要能不斷設定新目標，有紀律地加以達成，不要太憂慮他人對你的評價，只要專注在自己的貢獻上，自然會受到尊重。當你成為主管時，則要不斷教導與協助部屬做出貢獻，溝通要直接，專注在部屬的工作成果而非人格特質。假以時日成為企業高階領導者時，更要能為組織設立共同願景，建立良好的企業文化，不斷尋求更大突破。

這些基本原則，似乎就是一個世界知名企業領導者的自處及處世之道！

新版推薦序

融合科學與哲學的管理課

游舒帆（商業思維傳教士）

許多人對葛洛夫的認識，可能源自於近兩年非常火紅的ＯＫＲ，而我對葛洛夫最早的認識，則源於十多年前在當時老闆的推薦下讀了《ＯＫＲ之父葛洛夫給你的一對一指導》一書。當年讀這本書時，非常折服於葛洛夫的管理智慧，而自己經過這十多年來的實踐，對於職場中的人際互動亦有非常深刻的體悟。

管理是一門藝術，這是我每次對經理人講授關於管理這個主題時，一定會談到的重要觀念。這門課基本上融合了科學與哲學，你必須熟悉企業運作、建立制度、因應環境試圖找出最佳路徑，這是管理的科學；與此同時，你還要懂得領導人，要了解人工作背後的動機，透過引導或激勵等種種方法讓每個人發揮所長，讓人與制度能充分匹配。

過往十多年的管理經驗中，我與成千上萬的人交流，發現管理這門學問很少有一體適用、非一及零的模式，而是得根據場景、對象而有不同的應對。但每個個案之間又隱然存在一些不變的原則，而這些原則幾乎每個管理者都有所不同，若管理者不先釐清自己的管理原則，面對問題時很容易陷入抉擇困境中。

當一個好人還是好主管？以事爲重或以人爲重？對工作的基本要求是什麼？你會招募什麼樣的人進團隊？又會在何時請一個人離開團隊？這些問題背後的答案與其思路都會形成你最基本的管理原則，也會成爲你在每一次做管理決策時的依據。

比如說處罰，我其中一個原則是：我不輕易處罰人，但我只處罰三種人。第一種是重複犯一樣錯誤但仍不自我檢討者；第二種是明知故犯者；第三種則是假職務之便而行舞弊之事的人。

管理原則的建立一般源於幾個方法，第一，從管理個案上逐漸累積經驗；第二，從mentor或職場前輩身上學習；第三，從書籍或課程中學習與反思。在這本書中，葛洛夫針對每個案例做管理原則的陳述與剖析，如同他對你進行一對一指導。建議讀者邊看邊思考，如果是你會怎麼做？爲什麼？將過往經驗總結成自己的管理原則，相信可以做到一舉三得，大幅提升管理能力。

CONTENTS

【新版推薦導讀】從OKR打造創新力與執行力／陳朝益 02
【新版推薦序】正確態度與職場三觀讓你無往不利／張國洋 07
【新版推薦序】企業領導者的處事之道／溫金豐 08
【新版推薦序】融合科學與哲學的管理課／游舒帆 11
【導言】人人都是管理者！ 18

第1章 我討厭我的主管！ 26
■小心別摧毀部屬的自尊 ■管人也可以很開心 ■一整天都沒笑容
■老闆專制又獨裁，「奴工」忿恨不平 ■主管喜怒無常，部屬心驚膽戰
■主管一開口就沒完沒了 ■沒耐性的經理讓我覺得自己很笨 ■主管淨叫我做一些瑣事

第2章 你有「被管教」的權利 39
■每個員工都有權被管教 ■如何讓主管爲你的工作加分
■沒時間訓練，但有時間挑剔 ■該不該取悅上司？

第3章 主管必須爲團隊帶來貢獻 48
■做決策是主管的重要工作 ■電腦還取代不了經理「人」 ■精通你的領域

第4章 好主管的人格特質 55
■與部屬互相配合是必要的 ■切勿威嚇部屬 ■「強悍」不是火爆
■管理只能從做中學 ■沒有頭銜的管理工作 ■管事或多事？

第5章 主管就是要做榜樣 70
■好或壞風氣，皆來自主管 ■經理人與父母，究竟誰是誰？
■好主管也會犯錯（而且會認錯） ■坦承錯誤是實力的表現 ■小心主管表裡不一

第6章 如何當個好主管？ 79
■處理部屬衝突是份內工作 ■打擊士氣的人必須 fire 掉 ■愛挑別人毛病的部屬
■防衛心太強的部屬，值得花力氣嗎？ ■部屬不把我當一回事
■救命！我就是看他不順眼 ■因部屬威脅而讓步，你就完了
■在「外面」看到部屬的求職履歷 ■工會影響員工凝聚力

第7章 部屬的成就就是主管的成就 96
■沒人做得比我好 ■讓部屬犯錯也是一種過失 ■想「單飛」？要憑本事
■一個主管應該帶幾個人？ ■部屬想搶你的工作

第8章 主管的神奇魔力 107
■如何督促部屬更努力？ ■坦率說出你的期許 ■創造快樂的工作環境
■「本月員工」的激勵效果 ■競爭也需要一點幽默感 ■工作輪調可以保持員工活力

第9章　讚美或批評——都需要，都不容易　116
■我眞不喜歡給批評　■主管從來不給意見　■批評部屬太過嚴厲
■打考績不該像打啞謎　■部屬太會找藉口　■書面考核有必要嗎？
■不要耽誤考核時機　■部屬不滿我打的考績　■主管爲了省錢而打低考績
■什麼時機可以要求加薪？　■給考績又不花錢

第10章　開除也要做得漂亮　134
■開除不適任的人是否公平？　■誠實是最上上策　■開除原因應該保密
■不要隱瞞被開除的過去　■平心靜氣看待過去　■公司合併，只能靜觀其變
■「拆夥」也是一種開除

第11章　如何做出好決策？　147
■同事私下搞破壞　■主管否決了我的方法　■「參與式管理」的眞義
■開會不能沒誠意　■遇到緊急狀況，先急救再說

第12章　消息愈壞愈要溝通　158
■沒人告訴我們公司賣掉了　■實話實說，才是尊重　■不要隱瞞壞消息
■安全撐過壞消息的衝擊　■員工愛私下討論薪水　■「遠距管理」也是妙方
■用聽眾的語言說話　■適時表達意見更有價値　■辦公室裡最好只講一種語言

第13章 時間永遠不夠用 174

■新手更需要排出優先順序 ■安排定期會談 ■會議之間要排空檔
■訓練祕書成爲好幫手 ■部屬出現過勞跡象 ■健忘讓我耽誤工作
■想到就做，才不會一直拖下去

第14章 人求事，事求人 188

■要向推薦人查證 ■面試時不要僞裝自己 ■面試主管問了不該問的問題
■移民求職通常要屈就 ■不要低估當主婦的經驗 ■不要進錯公司
■小心不挑人的公司 ■想做行銷，先學推銷 ■書本無法取代經驗

第15章 升遷的陷阱 205

■要看績效，不要看個性 ■用績效爭取升遷機會 ■幫他變得好一點，不是感覺好一點
■爭取升遷的三個基本原則 ■學習應付「彼得原理」 ■晉升錯誤的補救之道
■落選者不是滋味、扯後腿 ■爲下次爭取升遷做好準備 ■主管不讓我調部門

第16章 同事很煩怎麼辦？ 225

■同事愛閒聊，讓我分心 ■同事「狀況外」 ■寫信化解敏感問題
■別讓小事愈演愈烈 ■同事在辦公室清喉嚨吐痰

第17章 職場上的親朋好友 234

■友誼與工作能否並存？ ■親屬共事眞的不行嗎？ ■同居可以，結婚就不行？

■老臣可以主動輔佐少主 ■老闆公器私用 ■一進公司，親戚就是同事

第18章 女性在職場上的挑戰 248
■打不進男人的圈子 ■耐心打破性別障礙 ■強力爭取「被聽見」的機會
■男主管拿女部屬的眼淚沒輒 ■理性要求「同工同酬」 ■競爭對手與主管打情罵俏
■你想工作，他想「把」你 ■辦公室的性騷擾

第19章 是、非、對、錯的掙扎 263
■我該不該向高層反映？ ■主管與同事集體舞弊 ■撞見同事在嗑藥
■想升官就先接受驗毒 ■為省人事成本耍詐 ■經理連服裝儀容也要管
■下班後的應酬太多 ■公司祕書不是私人祕書 ■主管強迫我幫他處理私務
■有些小事不必太在意 ■主管躲在庫房睡覺

第20章 五個最重要的原則 286
■如何管理明星員工 ■中階主管是變革的關鍵 ■最重要的五個原則

【初版推薦序一】 管理知識工作者，更要合乎人性！／許士軍 294
【初版推薦序二】 樂在工作，創造價值／黃逸松 297
【初版推薦序三】 該怎麼做就怎麼做／魏正元 300

導言
人人都是管理者！

寫這本書的時候，我已經當了二十多年的經理人。我管理過小團隊，也管理過大部門，有成功，也有失敗。我曾經樂在其中，也曾經焦躁不安。我指導過幾百個同事，也從他們身上學到很多。

英特爾是微晶片製造廠商，在全球各地有一萬八千名員工（註：截至二〇一八年底已有超過十萬名員工）。身爲英特爾公司的總裁，我經常受邀談論管理的主題。演講結束後，通常會緊接著自由問答的時段，在這之後，常常有人跑來告訴我他們在工作上碰到的問題，問我有什麼意見。大家提出來的問題五花八門，讓我覺得既好奇又不可思議，因此，後來《聖荷西信使報》（*San Jose Mercury News*）給我一個機會，要我以管理爲主題，撰寫每週一次的問答專欄，我毫不猶豫就答應了。

由於撰寫這個專欄，讓我接觸到範圍更廣的職場問題。有很多人從來沒想過去聽我演講，但他們會寫信給我，述說工作上所面臨的問題，詢問我的建議或反應。會寫信來的什麼樣的人都有：店員、小公司的老闆、大學生、大型機構的部門主管，我們想像得到的各種工作狀況，差不多都有人寫信來。

看得出來，有些人在工作中孤軍奮戰，有些人被工作折磨得疲憊不堪。隨著我閱讀與回答這些信件，不能忽略的事實就是：絕大多數來信的讀者，都是爲了職場上的人際關係問題尋求協助。大家很想知道如何處理悶不吭聲且從不給回饋意見的主管、不在乎工作的部屬、擾人的顧客，還有偷竊或大聲吹爆泡泡糖的同事。換句話說，人們想知道在工作場所中如何把事情處理、應付或管理（manage）得更好的想法。

說到「manage」這個動詞有兩種意思，一是大家熟知的「上司管理部屬」或與同事「相處」的意思，另一個則是廣義的「設法應付」、使事情能運作有進度等意思。

我認爲，眞的有需要寫一本關於「管理」的書，闡釋「manage」的兩種意思。在我看來，每個人都是管理者。「Manage」這個字最古老也最常用到的定義，就是「透過其他人把事情做好」。想要在職場上順利發展，也確實需要這個能力：你自己把事情做好，或是透過你的部屬、同事，還有最重要的是你的主管，把事情做好。因此，每一個職場上的工作者其實都是管理者，無論有沒有主管的頭銜。

二十幾年前，我根本沒想過有一天竟然會處於這位置上，有機會提供管理方面的建言。而在我職業生涯剛開始時，我當然沒想過我可能成爲管理者（無論是哪一種）。我才二十出頭的時候，有個熟朋友問我想不想從事管理工作，我驚訝地看著他，納悶著他是不是搞錯了。我回答他，我才不想把時間浪費在那種事情上面。那麼這一切是如何發生的？回顧自己的前半生，我恍然大悟，生命中一些大大小小事件，每一件事都影響了我，也造就了今天的我。

第一件事發生在匈牙利，那是我出生的地方。當時我十四歲，立志從事新聞工作。寫作對我來說很容易，而我也樂在其中，還成爲青少年報紙的記者。在共產黨統治下的匈牙利，一切受到政治的影響，報社也不例外。我寫的東西無關政治，只是學生關心的事，例如暑假之後返校開學、交朋友……諸如此類。我寫的大部分文章都發表在報上，我寫得很起勁，也很愉快。

過了一段時間，有個親戚因故陷入非常不利的情勢，沒受審判就被關進監獄。這在那個年代的匈牙利並不是稀奇的事。但在那之後，我寫的任何文章再也沒有印成鉛字。

當時，我只是個天眞的孩子，實在看不出這兩件事之間的關聯。後來我才明白，自己也被報社打入冷宮。他們不僅不刊登我寫的文章，甚至不再和我說話。

這件事給我的打擊，大概是蒼白脆弱的少年所能承受的極限。後來，我的沮喪逐漸消散，轉而下定決心，再也不要讓自己陷入這樣的狀況。我不想要從事容易受到政治考量影響，完全靠當權者主觀評價判定工作績效的職業。於是，我從寫作轉向科學。

接下來，我想到一個非常特別的夜晚，當時，我正在火車上。火車載著一九五六年起義之後流亡國外的幾百名匈牙利難民，我自己也在其中。從奧地利的維也納前往德國不來梅港，那裡有一艘開往美國的船正等著我們。在火車上，我凝視著外面黑暗的鄉間，獨自沉思。二十歲的心靈感受到愈來愈沉重的現實：我就要離開自己出生的祖國，前往遙遠而陌生的國度。即使我還因爲未來充滿許多未知而心中充滿恐懼，我卻開始明白，從此再也不必假裝相信自己痛恨的事物，只是爲了活下去。

在紐約安頓後，我在紐約市立學院修讀工程學。由於我的難民身分，我在第一年有獎學金。獎學金用完了，只好去拜託系主任幫忙。他是個脾氣暴躁的老先生，即使是高年級的大男生看到他，也會怕得發抖。我坐在他的辦公室裡，必須努力克服內心的恐懼才能向他開口。我向他訴說自己的悲慘遭遇，他則用那著名的銳利眼神看著我。當時的新聞報導仍然不時提到匈牙利難民，坦白說，我希望這能幫助我拿到另一筆獎學金。

那雙銳利的眼睛一直等著我講完自己的故事。然後他問我需要多少錢才能過活，我告訴他後，他突然拿出一把我這輩子見過最長的計算尺算了一會兒，然後又看著我。他問：「年輕人，打工怎麼樣？一星期打工二十小時，就可以賺到你需要的錢。這對你有好處的。」於是，我開始爲難纏的許密特教授打工，幫他影印講義、跑腿、用兩根指頭打字、整理檔案……諸如此類的事情，就靠這個方式念完接下來幾年的大學。這對我的確有好處，而且不只一端。許密特教授個性耿直、實事求是、結果導向，卻又有愛心，日復一日，我都受到他的薰陶。我相信，他有一部分影響了我。

幾年後，我獲得博士學位，到快捷半導體公司（Fairchild Semiconductor）工作，那是當年矽谷最頂尖的晶片研究實驗室，我是其中一個研究小組的成員，任務是要爲同事的實驗結果與發現提出有意義的解釋（你也可以稱之爲「理論」）。一旦建立這類理論，就可以爲其他實驗提供一些想法。身爲我們小組的「理論學家」，我發現自己開始爲同事指出方向。我並不是他們的主管，卻會影響他們的工作和活動。後來我獲得拔擢，成爲同一個小組的主管，這時我可以藉由自己的新職位來下指令。然而，我和同組其他成員之間的關係並沒有任何改變。我發現，讓我得以影響其他人的活動，也讓我得以管理別人，其實是依賴「知識的力量」多於「職位的力量」。

這兩者之間有眞正的區別，在英特爾草創初期，我有更清楚的體會。在這裡，我一開始就有個很響亮的頭銜：營運總監。問題是，我對幾個部屬的工作所知甚微，其中一位是製造專家，另一位是電腦記憶體設計師。我以前一向從事研究方面的職務，完全不曾接觸這兩個領域。即便如此，至少我在名義上還是要負責管理他們的工作。那該怎麼辦呢？很簡單，我安排時間請這兩位同事給我「個別教學」。一星期有幾次，我個別和這兩位同事坐下來，手上拿著筆記本，開始上一堂關於製造或記憶體設計的新課。經過一系列漫長的課程之後，我終於慢慢熟悉，可以聽懂他們講話的內容，漸漸地，甚至還能提出一些適當的建議。在身爲經理人的發展過程中，我學到另一門關鍵的功課：從部屬身上學習的重要。

七、八年後，我受命負責公司其他部門的營運，也再次發現自己要負責先前完全沒有經驗的業務。我採取完全相同的方法：請我的新部屬（這一次是各部門的總經理）給我個別指導，讓我了解他們業務的基本原則。

英特爾剛成立的那幾年，還有另一件事讓我印象深刻。那時候，即使公司還在奮力開創事業，卻已有很多不擇手段爭奪職位的狀況。到最後我才明白，當時的情勢很像同在一艘救生艇上的人，爭先恐後擠向船頭，而不是幫忙划船向前，彷彿無論是誰，只要搶到最前面，就可以更快達到安全的目標！艱苦、壓力很大的那幾年帶給我一個極為痛苦的教訓：團隊合作的重要（當你奮力讓一家公司起步的時候，一切都無比重要）。

隨著英特爾的成長，我們發展出一種我在紐約市立學院的老教授可能感到自在愉快的管理風格：直接、坦率、實事求是、結果導向。我們逐漸成為跨國公司，開始在遙遠的國家開設工廠和辦事處。有一天，我準備踏上這輩子第一趟遠東之行，協助創辦一座新廠。因為以前從沒去過那裡，所以請人幫忙指點，我得到的最重要建議是：「安迪，不要像你平常那樣！那裡的人不習慣直來直往，所以一定要處事圓滑，舉止慎重！」

我出發了，心裡謹記著這個叮嚀。等我抵達，和幾位經理坐在馬來西亞的新廠開會，聽他們列舉一大串這個小組試圖處理的問題時，我真的非常有禮貌。我經常微笑、點頭，即使我放在桌子底下的雙手早已扭成一團。我以為，這幾位經理就快要提出解決辦法了，但他們還在那裡兜圈子。終於，我忍不住大叫：「各位，你們全都沒抓到重點！」隨即以最直截了當的措辭說明我自己的觀點。我說完話，迎面而來的是片刻的沉默，伴隨著幾個尷尬的眼神。然後，雖然說東方人不習慣這樣坦率的說話方式，但馬來西亞的經理們一個接一個加入討論，那場會議終於變成一次充滿活力、解決問題的討論。經歷許多類似的事件，我確信每個地方的人基本上都是一樣的，為了配合人際往來方式的刻板想法，根本就沒有必要。坦白直率，永遠是最有效的方式。

近幾年，面對全球競爭對手的不斷攻擊，讓我累積二十多年的經營管理技能，一點一滴都受到挑戰。這段期間，可能有一年的業務迅速成長，接下來一年卻又大幅萎縮；有時候，我們要員工加班百分之二十五的時數，過沒多久，卻又必須要減他們的薪水。簡而言之，就好像坐雲霄飛車一樣忽上忽下、起起落落。這幾年的經驗，更加強了我的信念：如果想要員工跟著你經歷事業的起伏，你就必須確定他們可以接觸到和你相同的事實以及對公司未來前景的看法。

英特爾一向是家很開放的公司，資訊流通非常順暢，無論是向上、向下，或是橫向溝通。事後看來，在這段艱困的時期，這種資訊暢通的傳統極為寶貴。雖然你可能點頭同意說：是啊，英特爾的溝通當然良好，但千萬不要以為這很容易。眞正的溝通，意謂著要正面面對各種顧慮，而這可能是非常困難的，尤其是在環境惡劣的時期。

在英特爾有項傳統，就是定期舉行我們稱之爲「開放論壇」的會議。進行這種會議時，某個高階經理人會先向一大群員工發表簡短的談話，接下來約一個小時就是回答問題——各式各樣的問題。我一年大概主持十幾場開放論壇，在這類會議上，我需要處理的問題考驗著我對公司事務、各部門及工廠的了解，以及我的正直與管理能力。這個會議有很多地方讓我想起拿到博士學位之前必須通過的考試，即令人聞之卻步的「資格考」。員工人數眾多，全部加起來擁有無比龐大的知識以及各式各樣不同的興趣。面對他們的問題，簡直就是在磨練我的經營能力，但也讓我能夠保持適當的謙虛。

今天，我管理的是早在一九八五年就被《財星》（*Fortune*）雜誌列為美國第二百二十六大的公司。幾年前，另一份商業雜誌《唐氏》（*Dun's*）說我們是全美國管理最佳的五家公司之一；一九八六年，《電子商業》（*Electronic Business*）雜誌說我們是同業中最佳的公司。後來，有一本書把我們名列在「美國工作環境最佳的百大公司」榜上。我們和全球的「產業巨頭」競爭，我也認為，我們已經設法創造出一個要求嚴格，同時又講人性的工作環境。我希望，我自己個人的一些態度和信念（遍及本書的各個章節），多少有助於達到這些成就。

在以下的章節裡，我試著為讀者提供二十年管理經驗的精髓。我的方式是帶領各位看看一些現實當中特別貼切的問題，以及分享過去的一些相關個人經驗。在你閱讀的同時，我認為你會同意，管理是非常令人興奮的工作：了解到由於你一手策動的變革讓公司變得更好，是一種極為美妙的興奮感覺。

你不見得必須是某一家公司的總裁，才體會得到促成變革的興奮。你只需要在一群人當中工作，無論你是別人的主管、部屬，或是同事。這就是管理。

第1章
我討厭我的主管！

我發現，收到的讀者來信當中，有很大的比例是和主管相處困難，這實在出乎我的意料。但是，或許我不應該覺得驚訝。畢竟，對大多數人來說，工作非常重要，甚至比大家口頭上願意承認的更重要。而在工作上，跟他們關係最密切的人如果不是主管，那又是誰呢？他是雇用他們、引領他們執行工作、糾正他們、批評（太多？）與讚美（太少？）、給他們加薪（希望如此）並且給他們笑臉和臭臉的人。

從我收到的信看來，主管並非十全十美。同樣，這也不應該令人意外。一來，如果主管的表現非常優異，部屬就不會寫信求助了。二來，管理別人的工作是一項棘手的任務，而且也沒有當學徒的機制。因此，大多數的經理人或多或少是邊做邊學，有時候是觀察自己的上司，但往往是從自己的部屬身上學到。

我仍然記得生平第一次參加業務會議的情形，我坐在最遠的角落，整個景象讓我完全不知所措，討論的內容有很多根本聽不懂，看著我主管主持會議，看著他如何和在場的其他人交換意見。那次經驗，是我學到如何主持會議的第一堂課。

我還記得另一件事，那時我剛當上主管，可以吩咐其他人做事，包括上星期還是平起平坐的同事，我卻發現這個新近獲得的權力讓我極為不安，感覺很怪。我猶疑不定，不確定應該如何處理事情，花很長的時間勸導及說服我的部屬，讓他們相信我要進行的方向正確，而且是唯一正確的方向，只有那樣做才對。過不久，他們其中一個把我拉到一旁，說我是在浪費大家的時間。他明確告訴我，實在不值得大費唇舌解釋各種不同方式之間的差異，並且勸我只要告訴他們（直接明白告訴他們）要做什麼就行了。

不過我也記得，又過了一段時間之後，我收到一個部屬寄來一封手寫長達十五頁的信。他的措辭帶著強烈的個人情緒，告訴我：我的批評，尤其是我的諷刺挖苦（我以為自己只是在開玩笑！）對他產生什麼影響；每次我拿他開玩笑的時候，他的士氣受到多大的打擊。我非常震驚，這才了解到，我說的話在部屬聽來又是如何。在我看來是小事，卻因為我的職位而放大、強化。

所有這些，你在學校都學不到，只能透過觀察、透過實際去做，以及透過聽取別人的意見而學習。你從自己的錯誤當中學習，而且如果你夠聰明，也可以從別人的錯誤中學習。

小心別摧毀部屬的自尊

問題：我是一家小公司的職員，我們主管養成了一種習慣，什麼事情出錯都要責備我。不管發生什麼事，就是要怪到我一個人的頭上，有時候是半開玩笑，有時候則是認真的。而且程度愈來愈嚴重，讓我快要失去自信。我已經試過和我的主管談一談，但他根本不認真當一回事。請問我該怎麼辦呢？

葛洛夫：快跑！用走的也嫌太慢，趕快跑向最近的出口——辭職吧！一旦你成爲別人習慣的笑柄，幾乎不可能改變別人對你的看法。而且聽起來，你好像已有接受別人對你的認定之虞。千萬不要！如果發生這種情形，你就會把這個問題帶到每一個新的工作場所。你未來工作生涯的品質已經面臨緊要關頭，趕快換個不同環境吧，愈快愈好！

主管對我們很重要，因為他們很像父母，是「認可」與「不認可」的來源。就像父母與子女之間的關係一樣，主管與部屬之間的關係也很敏感和微妙。應該要親近或疏遠呢？應該要和主管或部屬成為朋友，還是應該公私分明，嚴格保持在只限於工作方面的關係？

我一向遵循的原則，就是和任何我想要來往的人交朋友；如果我們恰巧一起工作，那當然更好。在工作上有朋友，工作起來就會更愉快，甚至可能幫助你度過難關。但是，不見得每個人都是這種態度。有很多人抱持著另一種觀點，認為工作關係和社交關係不該混在一起。

管人也可以很開心

Q

問題：我在一家賣三明治的小店工作三年多了，算是這家餐館的創始元老之一，很有希望成爲店長。我工作很愉快，也經常和同事往來，這根本不會影響我的工作，反而讓工作有趣得多。問題是，我聽說當主管不能這個樣子。換句話說，如果我當上主管，就必須改變我的行爲舉止。眞的是這樣嗎？難道在管理其他人的同時，我就不能開開心心嗎？

葛洛夫：沒有聽誰說過，做管理職的就不能開開心心！恰恰相反，我相信，如果你將自然而有活力的態度帶到工作場所，再加上一點幽默感，可以讓你大幅增強在激勵與

組織員工的效能以及和部屬溝通的能力。

你愉快的心情可以感染同事與部屬，而且要是有什麼工作方面的問題，他們也比較能放心來找你談，這一切又可以提升你帶領團隊、獲得成果的能力。

然而，你確實需要學習什麼時候應該表現嚴肅的一面。你領薪水，是要爲顧客提供服務，當你遇到問題和困難的時候，就必須用一種果斷和嚴肅的方式來找他們討論。

碰到部屬有績效問題的時候，你需要明快而有效地處理，不管你昨天是不是還和他們玩在一起。換句話說，你需要學習切換到適當模式的方法與時機。

這種技巧可不容易！有些經理人可能乾脆不去嘗試，並逐漸養成對待部屬比較疏遠的態度，因此也就不必學習了。在我看來，這樣子實在很可惜。如果經理人因爲自己保持距離的態度，而覺得工作少了一點樂趣，對每個人，包括經理人自己在內，都是一種損失。

一整天都沒笑容

如果你想看看沒有一點人味的工作可能是什麼模樣，繼續往下讀就行了。

問題：我希望主管能把我當一個人那樣關心，而不只是一個下屬。我目前的主管只關心公事，她非常冷漠，完全無視於我們的辦公室的氣氛就像鉛塊一樣沉重。

擔心這樣的事情，我是不是有問題？一天工作八小時而沒有一點笑容，我希望你能理解這是什麼樣的感覺。

葛洛夫：我可以理解，而且我一點也不認為你有問題。工作對於人生太重要了，不應該處在某種沉悶有壓迫感的環境下。此外我也確信，職場的人際關係是影響我們工作與表現意願的重要因素。

我建議你把自己的感覺告訴主管，但我猜想大概不會有什麼好處，聽起來她像是不可能改變的人。但只要她在工作見識方面算是好主管，你不妨和同事密切一些，補償她無法提供的部分。職場上務必有這樣的人際關係，但不見得要和主管建立密切關係。

老闆專制又獨裁，「奴工」忿恨不平

在部屬的眼裡看來，很多主管實在是……官架子太大了。

問題：我在一家業主自營的小公司工作。老闆已聘請了幾個經理人，但他經營公司的方式仍然像個軍閥，突然想到什麼事就要插手，賞罰獎懲全憑他高興。

我們的主管只是任憑這一切發生。這種狀況讓我感到極爲不安，但還沒想到我應該或是可以做些什麼來改變這個情形。請問你有什麼建議嗎？

A

葛洛夫：恐怕我也不能給你什麼鼓勵的話。自己開公司的老闆，往往就是以一種專制、獨裁的方式在經營。事實上，這也往往是限制他們成長的主因。有些老闆體會到這一點，也逐漸修正自己的行爲，允許專業經理人接手，以一貫的管理流程取代自己反覆無常的作風。有些老闆則是永遠想不通，他們寧願讓自己的公司成長受限，也不願意交出大權。

如果你覺得你們老闆終有一天會明白他的行爲可能限制公司的發展，那就繼續留在那裡工作。或許等到適當時機出現，你有機會向老闆談及這個問題，提醒他這樣做對公司的負面影響。但是你也要知道，獨裁者有時會嚴厲懲罰帶來壞消息的人。如果對你來說，那種風險太大了，那就另謀高就吧。而且你也要試著謹慎評估新的雇主，如此才不會剛剛擺脫一個獨裁老闆的壓迫，又跳進另一個火坑。

主管喜怒無常，部屬心驚膽戰

假如我來做一次意見調查，我猜想結果是：對主管抱怨最多的項目之一就是他們常常任意發脾氣。部分原因大概是認知的問題：一般可能只算是有點不高興，但如果來自一位具有權威職位的人，聽起來就會比較嚴重，也更具有威脅性。但有一部分是真實的：某些大權在握的人，要是太久不曾受到質疑，對他們自己和所屬機構都沒有好處。

問題：我主管的脾氣非常暴躁。前幾天開會時，我們正在交換想法，他突然火冒三丈，大發脾氣。我嚇壞了，也認爲他的反應未免太失態。五分鐘後，他氣消了（拿我出氣），又沒事了。但現在，我就不太敢表達自己的意見，也開始擔心我和他的關係。

我不知道該如何處理這種狀況，請問你能提供任何建議嗎？

A

葛洛夫：你的問題有助於說明，經理人爲什麼必須學習控制自己的脾氣。如果他們喜怒無常，陰晴不定，就會讓部屬心神不寧，員工也就不願意也無法爲公司盡力。

我建議你，什麼時候主管情緒看起來似乎平和穩定，請他私下談一談。這點非常重要，對於脾氣暴躁的人，現場有「觀眾」會讓他們表現出最糟糕的一面。然後坦白告訴他，你感覺很不安，也很猶豫，害怕觸發他的怒氣。如果設法找到很好的時機討論，你或許會發現他完全同意你的意見。然而即使討論過程順利，恐怕也無法預防未來的火山爆發，最多只能期望他發火的頻率降低。你們主管或許就是烈性子，大概也改不了。

如果你覺得除了主管不時發火之外，你的工作狀況還算差強人意，那就要有耐心堅持下去。但要有心理準備，你還要繼續經歷這樣的脾氣發作，以及後續的討論。如果你做不到，就要考慮是不是應該離開。

幸好，並非所有尋求建議的來信都有那麼嚴重的狀況。很多來信只是如實反映出經理人也是普通人，也和任何人一樣會犯同樣的錯誤。處理這些狀況，只需要多一點機智和耐心而已。

主管一開口就沒完沒了

問題：每次向主管請教關於某個作業程序的問題時，我就會聽到一場長篇大論，而不是一個肯定或否定的答案。我應該聽他講完長篇大道理，還是應該打斷他，並且告訴

他，我需要的只是一個肯定或否定的回答？

葛洛夫：在我看來，爲了一種無傷大雅的壞習慣而打斷主管的談話，似乎太無禮了。不妨換個方式來問，試著採用適當的措辭導引出簡短的答案。例如，一開始就說：「您能不能很快告訴我……」或是：「我只有一分鐘，能不能請您告訴我，如果……」

沒耐性的經理讓我覺得自己很笨

Q

問題：爲了降低成本，幾個月前我們辦事處和鄰鎮的另一家辦事處合併。每個人都覺得很難調適，因爲我們和他們做事的方法不一樣。

從那邊過來的一位經理讓我感覺困難重重，她解釋他們作業程序的時候實在講得太快，我常常沒聽清楚重點。如果我再問一次，她就會語出譏諷羞辱我。我試著找她談，她卻讓事情變得好像是我的問題。我快要束手無策了，耐性也快用完了。請問你有任何建議嗎？

葛洛夫：這位經理一定是對她試著向你解釋的作業程序太習慣了，因此才會覺得，要是有誰覺得理解有困難，這個人大概是太笨了。她確實不懂得設身處地替別人著想，但我建議你，還是多發揮一點耐心。

在這種情況下，時間是你的盟友。不久之後，你就會熟悉這些陌生而怪異的做事方式，也會讓你的經理感到非常驚訝，沒想到你怎麼會變得那麼「聰明」！

主管淨叫我做一些瑣事

Q

問題：我要怎麼樣才能讓主管不再占我便宜？我是一家百貨公司的職員。不曉得是不是因爲自己是新進員工的關係，我們經理好像習慣性地叫我去做一些別的經理通常會自己處理的瑣碎小事。例如，有一天，她明明就在電話旁邊，卻要距離五英尺外的我去幫她接電話。還有一次，她讓我在電話和她所在的地方來回走動，告訴她打電話來的人要什麼。她大可自己接電話就好了嘛。

還有一些其他小事，別人大概覺得沒什麼，我卻很在意。一件兩件倒還好，但事情一多，就變得很難忍受。對於碰到這種問題的新進員工，你有什麼建議？

葛洛夫：我認爲你實在太敏感了。別再那麼任性，定下心來做好工作。身爲新進員工，你應該盡全力幫你的同事和主管，並且盡可能多學習你的新工作。不要擔心什麼樣的工作適不適合你自己，而要擔心如何做出貢獻！

嗯，我給這封讀者來信的回應，似乎有很多人不以為然。回信引起以下的強烈批評，以及其他類似的抗議。

R

讀者回應：先前有一位百貨公司職員來信，她覺得主管老是占她便宜，讓她做些瑣事，你給她的回信實在讓我震驚極了。聽你答覆的口氣，好像是某個迂腐過時的沙文主義經理人說出來的話：「只要乖乖做事，一切都不會有問題的！」換句話說，如果你認爲自己吃虧，只能把感覺悶在心裡。只要認眞工作，努力對部門做出貢獻就好。這不就像多年來男人一直對女性和少數民族所說的話嗎？

那種狀況的現實面是，除非員工受到平等對待，也被當成是有貢獻的人來看待，否則這名員工永遠不會做出貢獻。此外，如果哪個員工（主要是女性）花太多時間幫別人做瑣事，這名員工就不可能做出貢獻，因爲她根本就沒有時間好好做自己的工作。

或許對於這個問題比較妥善的回答，是鼓勵來信的讀者私下找主管談一談，用言語表達自己對這種行為的感覺。畢竟，讓第三方在電話那端等著你和另一個人討論，再給對方適當的回答，實在是很沒禮貌的事。促進「開放式溝通」，對於建立和諧關係和提升工作績效，可能會帶來意想不到的好處呢。

順便提一下，沒有「太敏感」這種事，要是有誰說別人「太敏感」，就表示他們和電腦混在一起太久了。

身為專欄作者的優勢之一，就是可以多講一句話，發表最後的定論。

A

葛洛夫：每一件事都可能走到極端。當然，找主管談一談，把自己對事情的感覺告訴主管，確實是件好事。當然，開放式的溝通正是讓一個工作團隊運作順暢的關鍵。但運用這個手段來表達對於瑣碎小事的不滿，就像服用強力抗生素來治療小感冒一樣。

也別忘了，不愉快的小事件很可能還有另一面。或許電話鈴響時，這位主管正忙著幫另一個顧客找商品；或許她試著讓你學習如何處理電話應對。即使如此，我認為對於這類惱人的小事，還是聳聳肩算了，不要看得太嚴重，否則上班一整天下來，我們大概除了討論自己的感覺之外，什麼正經事都不必做了。

第2章 你有「被管教」的權利

「被管教」是什麼意思？意思就是，從某個知識豐富的人那邊得到時間和關注，公司付薪水請這個人，就是要他提供這樣的管理，而這個人就是你的頂頭上司。「被管教」的意思也就是，你有權得到這個工作基本要點的相關訓練、得到教導、得到評鑑（無論是讚美或批評，看哪一項合適）。意思就是，當你陷入低潮的時候，有人鼓勵你；在你怠惰的時候，有人踢你屁股一腳。意思就是，有事的時候可以找某個人談，無論是討論機器運作不正常，或是討論你職業生涯的目標。

遺憾的是，這種事發生的次數不夠多。

每個員工都有權被管教

問題：我的主管幾乎從不督導我。她要分派工作給我時，就是寫在一塊貼有「今日工作」標籤的板子上，通常只簡單寫幾個字，我也無法完全理解她的意思，所以經常碰到麻煩，但我又不能問她，因爲她不是在開會，就是鎖在自己辦公室裡寫報告。結果我遇到問題時，她就對我發飆，但還是不給我任何指示。請問我該怎麼辦？

問題：我是個新上任的經理，我找不到機會和我的頂頭上司談一談。他總是太忙，沒辦法和我照約定的時間討論事情。我覺得自己目前只能勉強維持現狀而已，但只要給我一些指導，我就能做出眞正的貢獻。我該如何獲得自己需要的協助，卻又不至於表現得好像無法勝任一樣呢？

葛洛夫：你們兩位都讓我想起我認爲身爲員工最重要的權利：得到管教的權利。這就像領到薪水的權利一樣天經地義。如果你的薪資被扣住了，你無疑會大吵大鬧，說公司殺人不見血，也會緊咬著不放，直到你獲得滿意的結果。兩位應該帶著同樣的信念與鍥而不捨的精神，向各自的主管要求指導的機會。

所有經理人都認同員工有領薪水的權利，但是談到員工獲得督導的權利，似乎就沒那麼清楚了。再說，沒時間隨時協助你處理日常工作的經理人，大概也不會靜靜坐下來聽講，上一堂關於這個主題的課。所以，找個方法向主管傳達你們的需求吧，但不要讓主管覺得要對你設防。例如，你可以寫下自己的想法，放進一封註明要給主管親啓的信封，解釋你們遇到的困難，就像你們來信給我提出問題一樣，但要多舉幾個例子，強調如果這一路上能有更多指導，你們就有可能爲他們，也爲公司，把工作做得更好。

最終，就是你們需要更多能和主管請益的時間。開口要求！清楚表達你們的時間很有彈性；跟主管提議一大早或下班後見面討論，看是哪種方式對他比較方便，但要持續多試幾次，要求的態度要溫和而堅定。既然你的要求合理，最後總是可以達到目的。

我看到許多類似的來信，讀這些問題的時候我忍不住想：雖然這些部屬的抱怨有幾分道理，但他們對於這些問題所做的努力其實很少。看樣子，部屬總是以為主管應該知道怎麼做，如果他們沒做到，一定有些天大的理由。遺憾的是，事情往往並非如此，主管就像所有其他員工一樣，必須經常有人提醒他們注意自己的職責。

主管與部屬之間的工作關係需要雙方努力投入時間，否則根本不可能改善。因此，我通常最後會鼓勵部屬，努力爭取和主管之間不受干擾的「一對一」時間。如此一來，就可以利用這樣的時間去修補雙方合作互動上欠缺的任何東西。況且，主管與部屬之間需要修正的事情，可能還真不少呢！

如何讓主管爲你的工作加分

問題：我是個保險業務員，也很喜歡這份職業。我的問題是，我的頂頭上司是從保險業務員轉爲經理的。雖然他曾經是明星業務員，卻不知道身爲經理的第一要務。

我想要、也需要有人來帶我。我認爲，假如我有個領導，有個榜樣，有人可以和我討論一些想法，也就是所有我認爲經理應該做的事，我就可以達到自己期望中的成就。

我曾經請他幫忙，他也有心提供協助，只是不曉得該怎麼幫。我只能像往常一樣，繼續做我的工作。請問，要是沒有經理的協助，我能不能達到自己想要的境界？

A

葛洛夫：你信上說，你的主管曾是優秀的業務員。既然你本身是業務員，一定可以從他身上學到很多東西。你不妨採取主動，試著挖掘出他的經驗與知識。

務必找出一段不被打擾的時間和他相處，安排固定時間在他的辦公室見面。如果實在抽不出時間，那就利用早餐或午餐的時間來進行。多嘗試各種不同的方法，直到找出對你們雙方都便利、也都有效果的方式。

隨著你建立這種相處模式的同時，好好運用這個機會，針對你日常工作碰到的實際問題，從主管那裡取得協助。多實驗各種不同的方式：向他提出業務狀況相關的具體問題，問他會用什麼方式來處理；請他陪你拜訪客戶幾次，然後給你一些改善意見；碰到某個特殊狀況，偶爾慫恿他接手處理，如此一來，你就有機會觀察他是怎麼做的。

換句話說，要製造你可以向主管學習如何當業務員的狀況。我相信，一旦他了解到自己能夠幫到你，他就會努力提供協助。

沒時間訓練，但有時間挑剔

Q **問題**：我在一家商店工作了幾個月，頂頭上司就是老闆，我和他之間有很多麻煩。他從來沒有時間訓練我，因爲他總是「忙得不可開交」。但每次我犯了一點小錯，他就當著顧客的面對我大吼大叫。我的同事竟然爲了老闆的行爲向我道歉！不難想像，店裡的人員流動率大得驚人。

過了幾個月，我實在受夠了。我找到另一個工作，辭職走人。看我老闆表現出來的樣子，彷彿我在他背後捅了一刀似的；他告訴我，他正打算要訓練我，沒想到我卻要離開了。假如以後再碰到這種情形，我應該如何處理呢？

A

葛洛夫：根本不必容忍這種事。聽你的口氣，好像你接受你老闆那種有損人格又無益於生產力的待遇，忍受太久了，才決定辭職。那是錯誤的。假如同樣的事再發生在你身上，不要讓你對這種狀況的挫折感一直累積，要立即採取行動。

當你發現老闆的行爲已經呈現出某種可預見的不良模式，就要勇敢去找他，以直截了當的方式說出你的感覺。此外，也利用這次討論來要求更進一步的訓練。

也別忘了，你拿薪水靠的是執行勞務，而不是接受人身攻擊。

該不該取悅上司？

Q

問題：我想知道該做什麼事來讓主管高興。我有幾個同事的個性外向，而且形成一個「小圈圈」，像是某種諮商委員會一樣。我自己屬於聲音比較少的那一群，我們的貢獻只是埋頭苦幹而已。我個人覺得，我們的貢獻也應該受到認可及獎勵。然而在我們經理看來，如果有什麼特別的讚美，通常只有那個「小圈圈」會得到。

他是不是也應該試著多參與我們的事，多和我們這些比較少說話的一群互動？還是我們應該效法那些個性外向的同事，只爲了取悅他呢？

葛洛夫：應該找你的主管討論你的觀察與看法。如果你覺得他偏好某種特別的作風，就如實告訴他。我認爲你們兩位需要取得共識，彼此都清楚掌握行事風格與工作績效的分際。仔細聽他怎麼說。比如說，他可能會辯解：你所形容的個性外向的同事比較會掌控狀況的變動，可以迅速且及時回應。如果是這樣，即使他們的才智與努力和你差不多，他們實際上的貢獻可能更有價值。

雖然我不認爲你應該試著改變自己的個性，但你可以弄清楚自己能做哪些事情來提升你的貢獻，讓你未來也能贏得更多讚譽。

曾經有人問我，從多年管理經驗中學到最有用的管理方法是什麼，要我明確指出來。我的答案是：定期安排「一對一」的會談。

這樣的會議非常有用，我絕對沒有過度誇張。我認為，主管與部屬之間可能逐漸產生各式各樣數不盡的問題，面對面討論是一種通用的平台（universal medium），可以藉此發現、處理、改善，以及修正。「一對一」會談提供了一個機會，讓管理者可以教導與指導部屬。同時，也讓管理者可以直接從部屬身上了解部屬的問題、看法、工作的內容，以及部屬對於主管做與不做的事情有何反應。這類一對一的會談鼓勵部屬對主管開誠布公，而這是其他溝通方式無法做到的。換個方式來說，要是不採用這種方式，我還真不曉得如何可以做好管理工作！

讓這類會談真正發揮效果的關鍵就是定期，最好安排每週一次，或隔週一次，每次至少一個小時，你才有時間處理複雜和敏感的問題；同時，要讓部屬覺得這個會談是「為他而開」的，所以他可以提出任何盤據心頭的問題。這一點極為重要，因為唯有如此，部屬才能針對有助於他解決日常工作的問題進行討論，也才能提出一些敏感棘手的主題，像是主管對於訓練或「小圈圈」的態度和想法。在走道上突然打照面而停下來聊幾句，絕對不能取代一對一的會談；難道說，你能想像這樣的主題能夠一下子就處理掉？

針對那些兩手一攤、大聲說自己就是沒時間做這種奢侈活動的管理者，我要強調，一對一會談將會節省你的時間，我說的是實話！因為，如果你目前常常碰到不定期、突然冒出來需要特別交換意見的狀況，只要利用這種方法，都可以逐漸減少。

我記得自己曾坐在某個廠長的辦公室裡，看著他的部屬不時探頭進來，想問個快速簡單的問題，但往往被電話鈴聲打斷，而這又是另一個部屬打電話來問事情。我知道，如果廠長採用定期一對一會談的做法，就能避免掉大多數這類干擾。但是，我能說服這位疲憊不堪的廠長嗎？沒辦法！他只是帶著那種「你不會明白」的表情，搖了搖頭，又伸手去接電話。

過了一年左右，那位廠長面有羞色地來找我，手上拿著工作日程表。那時候，太多事情要找他，時間根本不夠用，他已經束手無策，無論有什麼方法，他都願意試試看。我們討論了他的時間表和工作習慣，等他返回辦公室後就下定決心，試著安排幾個固定會議，用來處理各項公事。親愛的讀者，在你讀到這裡的時候，我可以看到你的臉上也有同樣懷疑的表情，然而事實是，真的有效！那位廠長終於擺脫夢魘，也從此不再受這種苦。

一對一會談是管理工作的「預防醫療」，不過老實說，就算是病人也會同樣抗拒「預防醫療」的概念，不是每個主管都能很快接受這種做法。

第3章 主管必須爲團隊帶來貢獻

管理者必須為部屬的工作增加價值。有太多經理人把自己看成是組織裡上下層之間傳達訊息的管道，被動地將上一個層級的資訊或指示帶到下一個層級。這是錯誤的觀點。經理人必須為團隊帶來某種貢獻。部屬的工作及工作習慣，應該透過主管的工作而有所增進。他應該促使部屬變得更有生產力、更有效率，並產生更高品質的工作成果。

管理者有許多不同的方法可以做到這一點。例如，他可以分享自己在技術方面優異的知識或經驗，可以教導部屬如何把工作做得更好，也可以設法確保公司裡其他員工了解某個部屬的工作，而這個部屬也曉得可能影響他工作的其他部門或業務的現況發展。排除工作的重複並推動改善工作方法的計畫，經理人就能增加價值。避免部屬犯下危險的錯誤，或在部屬做好展翅準備時放手讓他獨立做事，也能增加價值。設立清楚明確的目標，並為身邊的人樹立良好典範，也能增加價值。最重要的是，他能創造一個全體員工都想做出貢獻的工作環境。

做決策是主管的重要工作

經理人採取的具體行動常會引起爭議。經過一段時間就能明顯看出是對是錯，但在決策當下，看起來總像在兩個彼此接近的方案之間做選擇，就像站在交叉路口選擇要走哪條路。最初兩條岔路之間的距離非常小，走到最後卻可能有極大分歧。在這些關鍵時刻做對決策，或許是經理人帶給同仁最重要的價值。

Q

問題：父親在一家電腦公司工作，處理一件專案的時候，他申請一項設計變更，這個變更可能會讓這項產品在整個產品的生命週期內省下好幾萬美元。但他的申請當場就被否決，理由是這項變更會增加他們部門在當季的成本。我的問題是，難道管理階層不應該對未來做長遠的考量，卻只看眼前當季的損益嗎？

葛洛夫：是的，管理階層必須想得更遠，不能只看當季損益，但那不表示他們就得

做這項特定的設計變更。舉例來說，假設這家公司一個月只有一千美元可花，如果他們花掉的錢多於進來的錢，最終就會破產倒閉，令尊也會因此失業。

那麼，這一千美元要怎麼用最好呢？令尊主張的設計改善是其中一件可以花錢的事。你在信中提到，這可以在未來幾年節省好幾萬美元，但當時大概有其他選擇。或許有一項某人打算推出的新產品，可能會讓公司遠遠領先競爭對手。這樣的產品有可能產生大筆的額外利潤，甚至在日後的某個階段，有可能實施令尊主張的改善設計。

當然，你我都不知道這家公司的眞實情況。既然不知道他們決策的理由，到底是不是因爲經理人過度重視當季的損益，我們也不可能判斷對錯。總之，他們不見得有錯。重點是，管理階層總是必須做選擇，例如，兩項投資案只能取其一，必須選擇一項。

只要它們能夠增加價值……

電腦還取代不了經理「人」

Q 問題：今天，辦公室已經有那麼多個人電腦而且每天都在增加。有了這些電腦，到最後，會不會就不需要中階主管了呢？

葛洛夫：我相信不會。電腦可以將各種工作中重複呆板的部分自動化，無論是列印薪資支票，或是執行複雜的統計分析等。然而，有些需要經理人做「判斷」的工作，電腦的能力到目前爲止仍然差得很遠。

例如當經理人想要起用新人或拔擢某位部屬時，他需要整合多方面的觀察，得出的資訊需要經過消化、整理，再針對一套複雜準則加以權衡考量。如果當經理人察覺出市場需要某項新產品或服務，他得透過層層問題看出商機，其所憑藉的是經驗磨練出來的直覺。諸如此類的程序還沒有那麼容易歸納成爲一套電腦程式，無論是今天或是可預見的未來。

即使電腦變得愈來愈「聰明」到可以做這些複雜事務，但在工作場所裡，員工之間必須要有順暢的溝通，在這方面，電腦仍然無法取代經理人扮演溝通催化劑的角色，處理同事之間各種複雜的需求、志向、不安全感及衝突，就算是有血有肉的經理人，往往也會覺得難以應付。光憑這一點，我認爲經理「人」永遠不會消失。

管理者要為部屬增加價值最簡單的方法之一，就是替他們排除瓶頸與障礙。那許多年前，我還是個年輕氣盛的工程師，我和一位同事起了科學上的爭執。那倒不是什麼天大的事，我們只是對於某些實驗結果的詮釋看法不同而已。我們兩人都堅信自己的觀點，誰也不能説服對方。過了一陣子，這個技術上的歧見卻演變成一觸即發的私人積怨，占據了我們兩人的心思，也造成我們日常工作效率明顯低落。

終於，我們主管插手了。他把一部分工作重新調整，如此一來，我們兩個就沒有多少瓜葛，原先滿腦子想著爭論的注意力很快冷卻下來，也恢復到以前正常、有生產力的自己。我們主管顯然為自己部門的工作增加了價值，因為他為我們排除了一個路障，即使那是我們自己搞出來的！

他做的是一件既簡單又顯而易見的事。話說回來，真的是那樣嗎？畢竟，爭執並沒有解決，只是擱置而已。我們經理必須做兩個判斷：第一是在「實質」層面：這個問題已到了非解決不可的程度，即使要付出安迪與喬損失效率的代價；或者可以暫時不管，而不至於影響專案整體的運作？第二是在「時間」層面：安迪與喬有沒有足夠的時間去解決這個問題呢？如果再給他們幾天，就可以處理好嗎？

若要正確回答以上問題，經理對我們這組人執行的工作就必須有相當程度的了解。這是必要的，我雖然無法同意「經理人可以處理任何事」，這種想法完全不正確，但身為經理人，縱然不可能成為每一方面的專家，至少要熟悉部屬工作的內容，才有可能為部屬增加價值。

精通你的領域

經理人需要懂些什麼？大家常關心這個問題，尤其是學生。

問題：我是商業科系的學生，希望日後可以成爲高階主管，而且最好是在高科技公司。對於這樣的生涯規畫，我應該如何做好準備呢？

A

葛洛夫：任何有志從事管理工作的人，最好的準備方法就是先精通某個領域。

舉例來說，升上業務經理的人應該是表現最佳的業務員，升上會計部門經理的人應該是最優秀的會計師。因此，在公司裡如果你想升遷，就要專心致力研究一個領域，並成爲箇中高手。可能是會計、生產規畫或人力資源管理……無論你選的是哪個領域，都要成爲精通的專家。在專長領域擁有優秀能力，應該可以帶來你想要的升遷機會，而且在你開始管理其他人之後，也會對你有很有幫助。你的部屬將會尊重你的專業，他們對你的尊敬也會使得你領導他們的工作容易得多。

還有另一名學生來信……

問題：身爲經理人，對於自己部門裡面所有的工作是不是都要做得來呢？

葛洛夫：理想的狀況，當然是經理人有能力執行本身管理部門裡的全部工作。但在現實當中，這種可能性非常低。經理人有可能是從基層升上來的，就會熟悉部門裡面的某些工作。一個好的主管，也會盡可能多向部屬學習。經理人應該努力了解部屬的工作，因爲相關知識有助於輔導部屬，也有助於協調整個團隊執行的不同類型的工作。

第4章 好主管的人格特質

成功經理人難道有什麼特別神奇的人格特質嗎？

Q

問題：我是個工程科系的學生，希望最後能成爲經理人。我想知道，成功的經理人有哪些性格特質？

有多少人問過我這個問題？早已數不清了。不曉得為什麼，大家總是以為只要照著某種方式去做，他們就會成為良好的經理人或優秀的領導者。

事實上，成功的經理人具備哪些人格特質，並沒有一套特定的組合方式。這些年來，我曾經共事的人各式各樣都有，包括：

- 外向與內向
- 衝勁十足與謹慎行事
- 有耐心與急性子
- 風趣與沉悶

在所有類型當中，我都看過成功與失敗的例子。很重要的一點是，經理人之所以傑出是因為他們達到的成就，而不是因為他們的人格特質。不同的個人可以採取不同的方法把事情做好，他們運用的是自己特有的才能。舉例來說，假如某人很有耐心，而且思緒周密，他可以運用這些特長達到想要的結果；另一個人很有創意，而且對各種狀況有極為敏銳的直覺掌握，也可以發揮這些特性而有所成就。

我想起兩個例子。

有一位非常成功的經理人，他就像卡通人物那樣，思緒與行事方式缺乏條理，簡直到了無可救藥的地步。他總是活力充沛、幹勁十足，從一項工作跳到另一項，常常留下未完的殘局。然而，對於本身所處行業接下來真正重要的發展，他擁有極為驚人的敏銳洞察力，彷彿可以預知未來。他的腦筋動個不停，雖然給人缺乏條理的印象，卻是一直在探索各種可能與機率。他決定要做某件事時可以全心投入，並得到身邊每個人的支持，幾乎每次都能成功。

這個人整合了自己最重要的特長：早別人一步看到趨勢以及說服同事的能力，因此彌補了自己的主要缺點，即缺乏條理與一致性，結果是一種非常有效的組合。

我認識的另一個人則完全相反。安靜、低調，開會的時候常常坐在一旁，難得開口提出任何問題或發表意見；有條有理，始終如一到無趣的程度，而且努力不懈、堅持到底。我認識他二十幾年，看過他處理各式各樣的問題，還沒看他失敗過。他的特質和第一位先生完全相反，但他也可以運用自己的優點，兩人都能達到程度與品質相當的成就。假如你看見這兩個人並肩在一起，大概很難相信他們都可以成功。

所以，我要奉勸有志成為經理的人，不必再去擔心自己需要哪種神奇的人格特質，我反而強烈建議要全力以赴，做好手邊的工作，運用本身的特長與能力達到最佳效果。應該隨時注意什麼行得通，然後繼續去做，也要想清楚什麼行不通，就該罷手。

大家對於這個答案都不怎麼滿意，他們會繼續纏著我問：「難道說，你不認為一個成功的經理人必須……？」在這裡你可以加上一些形容詞，像是英俊、意志堅強、有魅力、果斷……隨便你加。大家好像二流電影看多了，對於經理人的外表與行事應該如何，都有一些不切實際的虛幻想法。

真相其實簡單得多，同時卻又無比錯綜複雜。事實是：只要做出好成績，就是優秀的經理人，就這樣。

我和別人面對面談話的時候，往往無法以這個答案脫身，所以我只好稍微讓步，就我自己的看法，提供一些適用於大多數管理情況的觀察心得。

與部屬互相配合是必要的

Q

問題：身爲經理人，到底是要不拘小節，和大家打成一片比較好？還是要冷淡客觀，和大家保持距離比較好？

問題：我在一家已成立八年但不算大的製造業公司工作。公司的總裁從創辦之初就來了，對我們的日常工作仍然管得很多；他常常與基層員工互動，也直接向他們「訓話」。像他那個職位的人是否應該繼續管基層員工的事，還是應該把這項工作授權給他下面的經理呢？

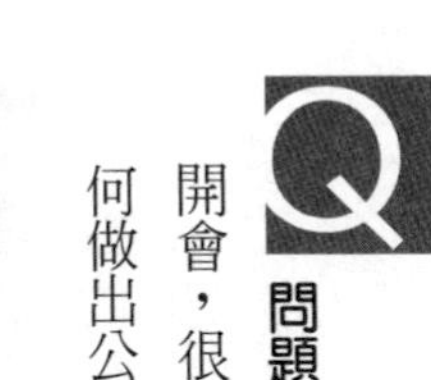

問題：我已經上任兩個月，第一次考核的時間也快到了。我的主管大部分時間都在開會，很少過來看看我的工作做得如何，也不曾費事找我談話。對於我的績效，他要如何做出公正且準確的評斷呢？

葛洛夫：「管理」常常被定義爲「透過別人把事情做好」。因此，管理者的工作必須與其他人，尤其是部屬互動，也要互相配合。這是經理人了解員工「在做什麼」最好的方法，也是傳達他們「應該做什麼」最好的方法。所以，我給第一位讀者的答案是：密切關心部屬工作的主管，會比保持距離的主管做得好。

再來看看第二位讀者，公司總裁關心基層員工的工作，基本上並沒有錯。我希望隨著公司的擴大，他還能繼續那麼做。但是，爲了讓底下的經理也能做他們份內的工作，他應該注意一個基本原則：直接找基層員工徵求問題或提供建議，絕對沒問題，但是，當他要下達指令的時候，應該只能透過直接監督這些員工的主管。否則，他將削弱這些主管的能力，結果他們就會變得很無能。

從第三位讀者來信，可以看出如果主管與部屬保持距離會發生什麼情形。他顯然很難考核部屬的工作，而這是所有經理人的任務。對於這個情況，我只能建議你應爲考核做好準備。以你自己的觀點，把完成的工作以書面記錄下來。務必根據事實，只談可衡量的項目，不要提出個人主觀評估。到了考核時，把這些文件交給主管，並提醒他這些東西可能有助於考核。但遺憾的是，任何東西都無法取代事事關心、善於觀察的主管。

切勿威嚇部屬

問題：我們經理常常口出惡言。平常時候，他人還不錯，也頗爲親切，但每隔一陣子就會對我大發脾氣。這時他會講出很傷人的話，害我覺得自己簡直無能到極點。我發現自己老是緊張兮兮，只爲了讓他高興，努力做他想做的事，只希望他不要發火。

經理人是故意要讓部屬有這種感覺嗎？對於這種行事方式，我們又要如何因應？

A

葛洛夫：這種行爲非常糟糕！經理人應該刻意避免威嚇員工。威嚇不僅是令人極不舒服的行事方式，也有礙組織運作。受到威嚇的部屬不會投入精力與心思做好工作，有什麼想法也不敢提出來，生怕引起主管的注意，而這對公司完全沒有好處，只有壞處。

這下子你應該了解，經理人也是人。他們有弱點、有心情不好的時候，也會有不安全感。有時候，他們也會因爲公司狀況或某一個部屬而感覺受到威脅。他們可能會爆發出來或是表現出某種行爲，讓部屬感到害怕，他們藉由這種方式得到一點時間，恢復原先的平靜。這種行爲雖然不對，但的確偶爾會發生。

學著處理這類事件，發生時看成是一場風暴，再猛烈的風，吹了一陣子也會平息。刮著狂風時先別想著對抗，等到風暴過去後，再繼續以平常心去找主管處理事情。

記住，雖然威嚇部屬是不好的，但在某些情況下，經理人對於一些問題須採取堅定不含糊的立場。例如，部屬對於手邊工作經驗不足或完全沒經驗時，正確做法就是告訴他們做什麼、怎麼做、什麼時候做，不需要太多或任何商量。有人可能會把這種管理風格描述成獨裁、專制（聽起來很糟糕的字眼），然而在這類情況下，卻是正確的做法。

反之，如果部屬對於自己的工作有經驗，主管應該只要確定他們了解工作的目標就行了，沒有必要、也不適合給部屬詳細的指示。判斷在某個特定情況下適合採取哪一種管理風格，這是成功經理人的特點之一。

「強悍」不是火爆

這些主題讓我感觸良深。一九八四年，《財星》雜誌做了一項調查，把我列為美國「十大最強悍經理人」之一。各位讀者大概不難想像，後來有不少人問我，對於這種不曉得是褒是貶的「榮譽」，我要如何解釋。

在我看來，強悍是一種心理狀態，而不是行為風格。管理方面的強悍，並非意謂著用力拍桌子、脾氣火爆，並且對員工惡言相向，或是漠視員工的需求，反而是反映出一種奉獻的精神與決心，為了公司以及顧客、員工與股東，他會專心致力，務求任務圓滿成功。

意志強悍的經理人可以理性思考，一路採取正確的行動方針，而不會受到誘惑或只想用輕鬆容易的方法解決問題。

強悍的經理人就像優秀的教練，他帶領球隊爭取最傑出的表現，對於球員要求很高，鞭策他們，坦率給他們讚美與批評，都是為了達成共同的目標。

強悍比火爆困難得多，卻也有效得多。以下就是一個例子。

Q 問題：我在專科學校擔任行政組長，管理五名員工。最近，其中一個部屬讓我非常煩惱。她的年紀比較大，是六名子女的單親媽媽。她的孩子最小的十八歲，最大的三十六歲，其中四個還是本校的學生。

這名員工正在辦離婚，在上班時間，她常常透過電話處理許多私人的法律事務。上班一天下來，我們辦公室通常會接到十到十五通找她的私人電話。更糟的是，她那些在本校上學的孩子，每天都要進出我們辦公室很多次。

離婚的事，加上孩子的干擾，顯然會打擾到她個人的工作。我們這陣子很忙，實在不能缺少她這份人力。請問我應該怎麼辦呢？

葛洛夫：你別無選擇，只能找你的部屬當面講清楚她引起的問題。事實上，你早就該這麼做了。在我看來，你是在允許某種不該發生的狀況愈演愈烈。

一步一步來處理這個問題吧。先把她帶到旁邊，把問題講清楚，就像你在信上描述的那樣。你的態度要溫和，但不需要語帶歉意：你有工作要做，你需要她做出貢獻，但你沒有得到。需要道歉的人是部屬而不是你。要求她把私人事務安排好，盡量不要影響到工作。比方說，假如她需要在上班時間處理離婚的事，就應該在下班後補足損失的上班時間。此外，她也應該減少所有其他可能造成分心的事情。

雖然你的部屬大概會同意你的要求，但很有可能過沒多久又故態復萌。你要有心理準備，在第一次討論之後還需要再找她談，你的立場要更加堅定。提醒她你們上一次的討論內容，而且這次還要提出更多具體的要求，強調干擾工作的行爲必須停止，具體說明你可以容忍的底線。而且，這次就要安排下次討論的時間，到時候，你就評估她後續的表現。如果她的表現還是沒有改進，那就公事公辦，開始正式的懲處程序。

管理只能從做中學

管理不像許多其他專業，準備成為經理人其實沒有什麼正式訓練。商學院教給學生一些理論的工具，甚至透過個案研究方法來描述管理上的各種情況，但不會也不能為有志成為經理人的學生提供機會，練習「透過別人把事情做好」的技能。在職場上，表現良好的員工往往得以升任主管，如果一切順利，公司會派他去上一些相關主題的課程，同樣，這裡也沒有師父帶徒弟的過程。

然而事實上，一個人擁有的相關經驗，可能比他自己意識到的要多。在人生歷程中，其實都會花相當多的時間策畫及參與團體活動，例如比賽、出遊、婚喪喜慶等。雖然這些活動與工作可能差很多，但學到的技能卻有類似之處。

我在這一章前面提過，經理人必須學習哪些方式對自己行得通，再根據這些要素做出適合自己的有效風格。要做到這一點，只能透過不斷實驗、透過嘗試與失敗、再次嘗試，最後才會成功。

可是，如果你目前並不是擔任管理工作，又要如何實驗怎麼當管理者呢？有時候，你發現有些狀況會為你帶來練習管理的機會。一定要好好把握！這樣的機會是非常寶貴的練習時刻，務必好好運用，以判斷你有哪些技術、能力及方法可以產生有效的結果。

沒有頭銜的管理工作

問題：由於我個人的條件限制，不能正式升上主管職位，但上面已經把主管的職務全都交給我。可是，我要求同事做某些事的時候，許多同事不聽我的話。我覺得非常挫折。請問我應該怎麼辦呢？

問題：公司任命我當「代理主管」，負責管理七、八名員工，已經大約兩個星期。我注意到，每次我負責主管業務的時候，工作產量就降了下來，拖延的狀況也跟著增加。我要如何增加自己的威信，避免這類問題呢？

A
葛洛夫：你們兩位都身處最困難的考驗當中：沒有正式、明確定義的職權，卻必須督導其他人的工作。這是寶貴的經驗。即使是有正式職權的管理者，有時候也需要教導、帶領不屬於自己直接管控的人員。所以，從應付目前狀況學到的經驗，對於日後的管理任務會很有幫助。

我猜想，你們之所以被挑選出來執行主管的工作，是因為你對工作的了解比其他同事更深刻。如果是這樣，你們的管理方式就應該以這一點爲基礎：運用你在專業知識方面的優勢，讓同事心服口服，相信你要他們做的事是對的。你要成爲大家的榜樣，不要試圖擺起官架子；與你的同事一起工作，且要做得比他們任何人都好。

如果這一切都行不通，就請你的主管找他們談談這些問題，而且你要在場，大家才會聽到相同的話。但是，除非到了最後關頭，我才會請主管幫忙；如果你們可以靠自己解決這個問題，就學會一項極爲寶貴的技能了。

> 沒有正式職權卻要負責管理工作，這種情況對於培養管理技能極有幫助，對於職場的機制運作也有潤滑的效果，因為職位調動可以更靈活。非正式的管理可以達成許多目標，雖然也難免會產生爭議。

管事或多事？

問題：我在一家大公司擔任行政主管，直接向部門總監負責。我的職責很多，包括管理幾位年紀比我大一點的祕書。

我的問題是，我負責督導的祕書在上班時間花太多時間聊天。雖然我知道她們這樣做是不對的，但我不曉得要如何處理這種狀況，因爲我不想擺出「管家婆」的架子。此外，我也覺得需要和這些祕書保持融洽的關係。

可是，話又說回來，要是我坐視不管，任憑狀況演變下去，等到我老闆開始注意公司的時間原來是這樣子浪費掉，我就麻煩大了。請問我該怎麼辦呢？

問題：我是個祕書，我們副總裁的祕書愛找我麻煩。她會計算我的休息時間，只要我比平常多花五分鐘，她就會向我的直屬主管打小報告。

請問我要如何委婉地告訴這個女人，少管別人閒事呢？

葛洛夫：這兩封信當然不是從同一家公司寄出來的，但從寫信的語氣來看，似乎還眞有可能。這顯然是一個相當常見的問題，而她們剛好就代表相對的兩方。

許多大機構的資深祕書也擔任辦公室主管，負責管理整個辦公室各方面的工作規範與績效。即使各個祕書是指派給不同的經理，但這還是屬於辦公室行政工作的範圍。

這位資深祕書的職權往往沒有任何明文規定。她（有時候是「他」）通常是透過慣例與常規得到這些職責與權威。然而，從兩位讀者的來信可以看出，資深祕書必須處理的問題可能相當敏感。

而無論這類資深祕書的職責有沒有明確規定，她事實上就是主管。這些祕書名義上有各自的老闆，但實際上是資深祕書督導之下的部屬，她與祕書們都必須明白這一點，也要照著做。資深祕書發現問題（例如其他祕書花太多時間聊天）的時候，處理這個狀況也是她份內的工作。

無論年齡大小，任何主管都會覺得這是個棘手的主題，卻又需要處理。你可以把祕書帶到旁邊，一次一個，私下談談；保持禮貌、不帶情緒，也要客觀，正面處理這個問題，或許你的開場白可以像這樣：「很抱歉，我不得不提出這個問題，我覺得你似乎花了太多上班時間在無關工作的活動上面……」

在討論的時候多強調幾次，請對方接受你的要求，花更多心思在工作上。我想她們面對這種場面恐怕不會太高興，但是你的立場要堅定：既然是主管的職權範圍，就要處理這個問題。

相對地，我想我沒有辦法給第二位來信的讀者多少同情。這位副總裁的祕書無論做得多難看，她都是在做份內的工作。與其爲了這件事發牢騷，不如留心注意，看看她到底想要告訴你什麼。

> 以上答覆激怒了某些人。

讀者回應：我實在不同意你的看法！

顯然，這位喜歡指使別人的祕書決心要插手來管這件事，也要做給她的主管看看，辦公室應該如何管理。可惜這位讀者的個性不夠強，不敢告訴「管閒事小姐」，叫她管好自己的事就行了。

這位祕書寫信向你求助，而你回覆的答案卻是根據臆測。你根本不知道這位愛管事的人，是否眞的在執行不成文的職責。事實上，我想知道如果這裡的當事人是男性，而不是小小的女祕書，你還會不會採取這個立場。難道女性就該習慣任人擺布嗎？

A

葛洛夫：你有一件事情說對了：我不知道這件或其他任何一個案例確實的情況。我必須運用自己的判斷力，推測出可能的情形，並據此建構出我的答案。我對這個案例的看法是，資深祕書以溫和的方式試圖引導資淺的祕書更專心工作，她絕對是正確的。

假如當事人是男性，我的回答還是一樣。此外，我一向非常厭惡「小小的祕書」這樣的說法，以及說話語氣呈現出來的態度。我認爲，如果你對一個人的期望很高，表示你對這個人非常重視。如果當主管的允許祕書浪費時間，就表示這個主管根本不重視這位祕書的貢獻。

第5章 主管就是要做榜樣

經理人的「能見度」非常高，大家有意無意隨時都在注意他。他的舉止與態度，為整個組織樹立起價值觀。傳達這類價值觀的時候，他的行動無論大事或小事，會比任何備忘錄或政策規範更有效。

我最早體會到這個道理，是從一些小事累積的觀察經驗得來的。許多年前我突然發現，在我工作的那家公司，負責製造部門的年輕經理差不多都抽雪茄，就像製造部門的最高主管那樣。幾年後，我當上經理，開始穿襯衫不打領帶。這種衣著風格也慢慢在我負責的單位流行起來，到最後，大家都這麼穿。

這些看似不重要的小事，彰顯出經理人的巨大影響力；但是，在許多更重要的事情上，我們的作風與舉止也往往會樹立起大家效法的榜樣。

也許，辦公室風氣不管是直接坦率或迂迴操弄，經理人最大的影響力在於能以身作則，而不單只是設定行事標準。我一次又一次發現，如果負責某個組織的高階主管是個坦率正直的人，在他底下的組織就會有同樣的特性。反之，如果最高層的人是個「政治動物」，喜歡操弄別人、造成人員之間的對立、對每個人都有一套不同的說辭，那麼經過一段時間，這個組織不可避免就會有同樣的風格。

如果原本愛搞權謀的經理人離職，換成某個坦率正直的人接手，後者就要面臨一項重要的任務：重新塑造組織運作的模式。要做到這一點，他不可能只是發布一份備忘錄，上面寫說：「從現在起，這裡不再允許拐彎抹角以及搞小動作的行為。」他只能自己樹立榜樣，給大家看看直來直往的做事方式，日復一日持續下去，始終如一。漸漸地，他底下的人就會領悟到這個訊息，他們會改變行為，向領導者的作風看齊，改變不了的就會乾脆離開。

好或壞風氣，皆來自主管

問題：在我工作的地方，說粗話、互相辱罵似乎是很普遍的情形。我們甚至常常聽到經理也這樣講話，這點尤其讓我很煩惱。我們有沒有什麼辦法可以改變這種習慣呢？

葛洛夫：根據我的經驗，講粗話通常是特定地區（公司或部門）風氣的問題。遺憾的是，這種風氣很難改變。在你工作的公司，如果大家講粗話已經有很長的時間，那麼只是向各個講粗話的人抱怨，也不會有多大效果。你需要找到大家當成榜樣的重要人物，設法影響那個人，才有可能改變這個風氣。

如果是小公司，大家的榜樣可能是公司的老闆；如果是大公司，則可能是部門的主管。如果你想要徹底改變，就必須去找這幾個人。他們之中的大多數人，或許根本沒有察覺到自己使用的語言會引起別人反感。如果是那樣，私下悄悄找他們談，或是寫封信好言規勸，至少會有所改變。務必向這些人強調，他們的習慣對於整個組織的影響有多大，大家都在效法他們，而這又會令人多麼反感。

如果你設法徹底傳達你的信念，你們的領導者可能會試著改變自己的行爲，從而改變身邊其他人的行爲。因爲他是這個環境的榜樣，也只有他能以身作則。但這樣的習慣要根絕很慢，因此要有耐心，也要有心理準備，偶爾還是要再提醒一下這些典範人物。

經理人與父母，究竟誰是誰？

經理人對於自己負責的單位，會產生有如父母的影響力。他就像家長，是

「認可」與「否定」的來源，更是「懲罰」與「獎賞」的來源。就像子女學習父母一樣，我們的目標往往是成為像我們主管那樣的人，因此，他的行為很容易在許多微妙的方面影響我們，造成潛移默化的效果。此外，情況也可能顛倒過來：父母在家裡表現得像個經理人！

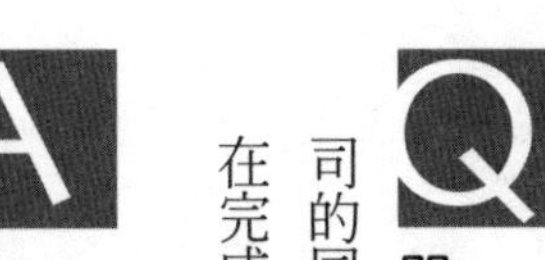

問題：我們家兄弟姊妹共有十人，父親是一個經理人。在我看來，他常常把管理公司的同一套方法拿回家裡來用：他找我們幾個人開會、指派任務給我們，並且要求我們在完成工作之後向他報告，評估我們的績效，諸如此類。依你看，這樣有道理嗎？

葛洛夫：我覺得這樣做滿有道理的。事實上，我可以看見許多相似之處。無論在公司或家裡，令尊都是在處理其他人的事。基本的規則很相似：他應該根據常識與同理心來處理事情；他需要傾聽部屬說話，就像需要傾聽子女說話一樣；他必須與大家溝通、引導他們；也要讓別人知道需要達成某些目標，而這些目標對他們的個人發展以及公司或家庭的順暢運作都很重要。

他也需要當大家的榜樣。經理人的成功反映在他所指揮的團體，而父親角色的成功則反映在他的家庭運作與發展的良好程度。

事實上我認爲，這兩個角色之間有很多相似之處，經理人可以試著採用一些扮演家長角色時的技巧，或許會帶來好處，反之也是一樣。這是個非常有趣的想法！

好主管也會犯錯（而且會認錯）

先前我説過，大家對於經理人的外在表現與行事方式的看法，有很多好像是從二流電影看來的。在這些電影裡，經理人永遠知道他們在做什麼，除非是扮演壞蛋的經理人，如果是那樣，他們就從不知道自己在做什麼。刻板印象中的經理人永遠很有把握，也永遠是對的。現實生活中的經理人很少信心十足，畢竟大多數時候都要處理失之毫釐、差之千里的選擇，也會常常出錯。

問題：我是商學院的學生，我想要知道，經理人是否應該向部屬承認錯誤？

A

葛洛夫：經理人當然最應該向部屬承認自己的錯誤，或向任何其他當事人承認錯誤。擔任管理者是一種職業，就像老師、汽車技工或牙醫，不能要求永不犯錯。

更重要的是，身爲經理人的時候，你就會成爲員工的榜樣，無論是好榜樣或是壞榜樣。如果你不承認自己的錯誤，你就是在向受你督導的人傳達一項訊息：他們不應該承認自己的錯誤。如果他們效法你的榜樣，就沒有人願意承認任何錯誤，也不會有人從錯誤中學到教訓。

發表以上答覆之後，我又收到一封信。

坦承錯誤是實力的表現

Q

問題：我同意你在最近專欄文章裡說的，經理人應該承認自己的錯誤。但我年紀較輕，又是女性，管理的部門大多數是年紀比我大的男人。我很擔心，承認錯誤可能有損得來不易的權威。我該如何不失顏面地承認錯誤，又不會失去男性部屬對我的敬重？

葛洛夫：我們這些從事管理職位還有教職、公職，甚至親職的人，無論是男是女，也不管年齡大小，常常擔心承認錯誤會失去別人對你的敬意。然而，實際上，承認錯誤

可以展現出你的優點、成熟，以及公正。

如果你很難接受這一點，想一想假如你不承認錯誤，又會發生什麼情形？你可以隱瞞部門裡的人多久？等到他們發現，你認爲他們對你的敬意又會受到什麼影響？

如果下次面臨類似的狀況，而你感覺到很想爲自己編藉口，請就此打住。設法一個人靜一靜，徹底想清楚事情的前因後果。提醒自己，沒有人可以完美無瑕，從不犯錯。問問自己，希望部屬如何處理這樣的狀況。記住，坦白承認錯誤就是爲他們樹立榜樣。

小心主管表裡不一

最糟糕的狀況是，主管說的是一套，做的又是另一套。這時候，部屬就必須判斷，到底是要遵守工作場所的明文規定，或是效法主管？偏偏兩個選擇彼此矛盾！這就會造成一個真正穩輸的局面，也會使得部屬承受最糟糕的一種壓力，而這是他應該盡快逃離的處境。

Q **問題**：我在公司當行政主管，差不多要督導十個人。我的頂頭上司就是總經理，她非常嚴格，隨便舉幾個例子：她強調迅速即時、限制講電話時間、午餐不得超過一小時等等。

雖然我同意這一切規定，但有個問題：她自己的表現完全相反。因此，我發現自己很難告訴部屬遵守各項規定。我不知道該怎麼辦，我是否應該找她談這個問題呢？我有說話的餘地嗎？

問題：我在一家零售業的大公司工作，最近我申請休假，卻被打了回票，因爲公司政策說，我們不能在某些業務繁忙的時期休假。

我雖然心裡不愉快，但還是接受了。然後我發現，我們店長就在那個星期休假。管理階層這樣做好嗎？我到底必須乖乖接受，還是有什麼我可以做的呢？

A

葛洛夫：以上兩封信所描述的狀況，都代表非常糟糕的管理措施。一個組織對員工的要求有許多傳達的方式，經理人本身的舉止就是其中最重要的一種。經理處理事情迅速準時，就是清楚說明迅速準時非常重要。在繁忙時間，經理即使不方便也不休假，就是在傳達一套關於顧客服務的重要價值觀。如果經理要求部屬做的是一回事，自己做的卻又是另一回事，他傳達的訊息就是：組織明文規定的價值觀（迅速、顧客服務）可以不必去管，誰的位階高，誰就可以做主，這就是虛僞。

雖然那麼說，我卻不曉得要給兩位讀者什麼建議，按照我平常的做法，我會勸你們去找主管，指出他們言行不一，本身的行爲與他們強調的政策之間有矛盾。你們應該力勸他們爲自己管理的單位樹立正確的榜樣。

可是，針對這兩個例子，我卻猶豫不決，原因很簡單，從兩位經理人的行事方式來看，他們很可能會利用主管職權報復提出批評的部屬。所以，採取行動實在有危險，也只有當事人自己可以決定，是否願意面對這些危險。

然而，我的確覺得，如果不願意承受直接找主管談可能帶來的風險，你就應該另謀高就，而且愈快愈好。留在這樣的主管創造出來的環境裡，你對於是非對錯的感覺就會慢慢遲鈍，到最後也會變成像他們那樣的人。無論碰到什麼狀況，都不能允許這種事發生！要不就勇敢面對，要不就離開，但千萬不要接受這種言行不一的價值觀。

第6章 如何當個好主管？

經理人的貢獻來自他帶領的組織之貢獻。這句話很簡單，但大多數經理人不能一想就明白。怎麼會這樣呢？我們大多數人之所以當上主管，是因為我們做某項工作表現出色，可能是銷售業務、設計、填寫退稅申報單……諸如此類。多年來，我們不斷磨練專業技能，我們的產出是個人所做的結果。然後有一天，我們突然變成了主管，受命負責管理別人的工作。現在，我們理應協助這些人達到目標，產生成果。

這是非常大的改變！需要重新思考我們的目標，我們的角色要從自己做事的一流高手變成教練、為大家排除路障，也是其他人最重要的協助者。大多數的主管都需要很長一段時間來適應這個新角色，而這個過程中難免會有挫折。

還記得，當年我剛剛受命擔任其他科學家的主管，坐在會議室裡，聽取一個以前和我並肩工作現在卻成了部屬的人，報告我們先前一起做的專案工作的近況。他的任務是要說服在場者有關我們發現的結果確實有效。大家聽得非常專心。他回答大家提出的各種問題的時候，我坐在那裡，為自己不能參與大家的行動而感到遺憾。再一想到，以後我還必須處理一些麻煩的人事問題，我的心情更難好起來了。這一切似乎很不公平，但其實我正要開始掌握自己工作性質的改變，就在這一刻，我已經開始蛻變，轉型成為經理人。

大多數新任主管尤其感到困擾的狀況，就是五花八門、層出不窮的人事問題，占用了他們太多的時間與心力。他們常常抱怨自己做不了任何「正事」，因為他們必須花很多時間在解決人事問題、調停爭論、指揮協調員工以及他們的工作。遲早他們會明白，這就是「管理」的真義。

處理部屬衝突是份內工作

Q

問題：我是個高階經理人，要管十個員工。我的問題是，其中兩個部屬總是吵個不停。我常常看見他們兩人在外面的走道上爭論，而且，我們每個星期的工作會議，通常會因爲他們兩人的爭論而至少超過半個小時。

他們的責任範圍有時候會重疊，所以無法減少兩人的接觸。但是，他們的鬥爭愈演愈烈，逐漸影響到日常工作。請問我應該出面干涉，還是放任他們鬥爭到底呢？

葛洛夫：處理這種衝突並不是干涉，而是你份內的工作！

身爲經理人，管理你的部屬組成的團隊，你就要對整個團隊的產出與生產力負責。團隊的成員花費任何力氣彼此爭鬥，都是在耗損他們工作方面的力量，所以你必須採取積極的行動來阻止這種爭執。

一開始，你可以分別找他們坐下來談。告訴他們，這種「內鬥」已經妨礙了團隊的工作。強調對於這樣的關係，你希望他們各自負起百分之五十一的責任！

你要克制自己，不要再回頭檢討過去的衝突。你唯一要關心的，是改善他們未來的工作關係。講清楚，你不期望他們喜歡彼此，但你確實期望他們，無論彼此喜歡或不喜歡，都能和平共事。

經過這次討論之後，如果問題再發生，你就不要再容忍。只要看到新的衝突即將爆發，立刻停止討論，若有必要就先休會，把他們兩個帶到外面。態度堅定地重申你要表達的重點，要求兩人都對你口頭表示他們已經聽懂了，然後再和其他組員繼續開會。

而雖然你努力調停，但這種爭執可能還是會繼續發生。到時候，不管是調職或甚至免職，你可能得換掉其中一個，或是兩個都換掉。你要有心理準備，即使可能意謂著損失人才，你也必須這樣做。

打擊士氣的人必須fire掉

問題：我是部門經理，部門裡有二十五個人。我的部屬都是勤奮努力、誠懇認眞的人，只有一個例外。他眞的是打擊士氣的破壞者，老是發牢騷、抱怨不斷，還常常講一些潑冷水的話，像是「我們早就試過了，根本行不通」，或是「他們不會讓我們那樣做」。他實在非常負面，一直在拖垮其他同仁的士氣。我不想炒他魷魚，因爲他的工作做得不錯。但是，我該如何防止他打擊其他人的工作士氣呢？

葛洛夫：首先，確保這名部屬了解你對他正反兩面的評價，一是他的工作，二是他的行爲造成的影響。他可能根本不曉得自己的行爲會引起多少傷害。多舉幾個具體的例子說明你抱怨的理由，唯有透過舉例說明，你才有機會讓他把你的話聽進去。

討論完他的工作貢獻以及他的態度有何影響，你就要清楚強調，你必須關心整個團隊的工作成果，如果他這種破壞性的行爲不改，即使工作做得再好，總體來看，他對整個團隊的用處是値得打問號的。

這次談過之後，你要注意是否還有類似的事情，萬一他又故態復萌，你就要立刻反應，加強你要傳達的訊息。你可以私底下做這個動作。如果他又在開會時犯這個毛病，你就偷偷遞個紙條給他，叫他打住。

你要堅持，這大概是積習難改的行爲，不太可能只談過一次，他就會改變。

談到人以及人的各種怪癖、習性、人格缺陷的時候，可以說是五花八門、層出不窮。經理人的目標方向仍然是一樣的：避免這些人事問題妨礙團隊的整體運作。

愛挑別人毛病的部屬

Q

問題：我的一個年輕部屬患了「批判炎」，動不動就批判同事。他自視甚高，有時候還太高了。在工作上，他的確是個人才，一路升得很快，但是，他對其他人這種不留情面的批判態度，往往會對團隊造成一些破壞，也因此減低了他的價值。

爲了他的態度，我曾經找他談過，雖然他的行爲稍微收斂了，但他的觀點並沒有改變。我覺得他改變行爲只是爲了讓我滿意，但沒有眞正相信我告訴他的話。

有沒有什麼辦法可以幫助他了解，在職場上，同理心也是一項重要技能？

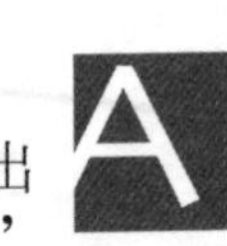

葛洛夫：少年得志的人，往往容易表現出這樣的行爲。你的部屬工作技能表現傑出，所以升得很快。或許，他就是晉升得太快了，所以他的內心深處不免懷疑，自己能不能繼續滿足別人對他的這種高度期望。他可能是在利用同事的缺點，當成加強自己信心的一種方法。隨著他對自己的能力更有信心，他在看待自己和其他人的能力時，可能就會恢復比較平衡的觀點。

同時，你要強迫他聽進去，他的績效與整個團隊的績效連結在一起；因此，只有整個團隊都表現出色，他才算得上成功。

防衛心太強的部屬，值得花力氣嗎？

Q

問題：我有一個部屬，對於批評實在過於敏感。我評論他的工作所講的每一句話，他都當成是針對他個人，而且，就連我和顏悅色地指出他的一些缺失之後，他也要生好幾天的悶氣。有時候明明是稱讚的話，他也會想成是挑剔。例如，最近我說他做的一份報告面面俱到、鉅細靡遺，他竟然以防衛的口氣回答：「哎呀，難道不應該那樣嗎？」我現在也變得非常不喜歡評論他，因爲他會表現出強烈的防衛心理。他是個重要的員工，但如果不學著接受批評，他根本不會有任何進步。請問我要如何讓他明白呢？

葛洛夫：恐怕我沒有好消息可以給你。根據我的經驗，有強烈防衛傾向的人不會改變。如果你已嘗試講道理規勸他，卻沒有任何改善，那麼他可能就是個頑固死硬派。

我建議你接受他不會改變的事實，但也要有決心，不必管他的防衛心理，對於他的工作還是要繼續給意見，該稱讚就稱讚，該批評就批評。

你顯然知道，給予這類意見將會爲自己帶來「苦刑」。這時候，問問自己：「他值得這麼費事嗎？」如果答案是肯定的，那就把心一橫繼續下去。如果不是，就找這位部屬坐下來談談，向他解釋，雖然他的工作表現不錯，卻不值得你爲他費事煩心，因此建議他另謀高就。

類似以上的狀況，最糟的一點就是，對於一個引起許多麻煩的部屬，我們不會輕易叫他走路，總是先耗盡心神試著修正這個問題。努力挽救失敗者，這可能是極為可怕的浪費：主管花在問題部屬身上的心力，常常大得不成比例，不只影響到整個團隊的表現，最後還往往徒勞無功。

這是每一位管理者都需要親身經歷才會學到的教訓。我剛剛擔任主管不久，既年輕又缺乏經驗，曾經花了好幾個月的時間，努力想要「治好」一個懶惰的部屬。我方法用盡，能想到的辦法都試過了。我花了好幾個小時和他談，向其他經理請益，花掉的時間更多，最糟糕的是，我常常在想這件事，上班也想，下班也想。這一切到頭來都是白費力氣，那位部屬還是懶懶散散，無精打采。在這段時間，我卻開始忽略了別處的其他問題。到最後，我才終於明白這件顯而易見的事實：我是在打一場理想崇高卻必輸無疑的仗，因為已經損害了整個團隊的（也就是我的）績效。

我決定認賠了事，減少我們的損失，於是請那個人走路。但實在太遲了。到那時候，我才完全明白自己投入了多少時間與精力來處理這個狀況。假如我把同樣的時間與精力投入團隊裡面健康的成員部分，一定會有更高的生產力！

部屬不把我當一回事

處理缺乏安全感與防衛心強的部屬，已經夠難了，可是，如果問題和經理人自己的個性有關，事情就變得更難了。

問題：我剛當上經理，欠缺擔任主管的經驗，我負責管理七名員工，其中一位讓我

很煩惱。每次我找她談話，她就表現得極不耐煩，不太想理我的樣子。她非常有效率，但我仍然因爲她這種愛理不理的態度而煩惱。我希望這個人回應我的方式熱誠一點，我該怎麼做呢？

葛洛夫：你第一優先的考量重點應該是部屬的工作表現，專心在這上面，要徹底，也要客觀。她的態度應該是次要的考量。別忘了，既然你剛剛才接下主管工作，你大概還沒進入狀況，也太敏感了，此外，部屬可能也會因爲你的新職位而心生不滿。時間有助於解決這一切的問題；等到你慢慢適應自己的工作，問題可能就消失了。

如果問題還在，而你的理由只是想要讓你們兩位共事更愉快而已，沒別的原因，那就找這名部屬談談你的疑慮。因爲這次討論很可能有點敏感，所以要安排在你們不會受到打擾的時間與地點開會。

一開始就告訴她，她的不耐煩明顯寫在臉上，問問她有什麼意見。如果她不承認自己愛理不理，就再問問她與你共事有什麼感覺。無論如何，設法引導她談談對你的觀點與感覺，以及身爲頂頭上司的你的工作方法和習慣。強調你有意願盡力而爲，讓你們的共事能夠更加愉快，要有心理準備，你可能會聽到一些不中聽的話。你信中描述的這種狀況，往往反映出一個雙向問題。她開始批評你時，先別和她爭辯，而要仔細傾聽！

一次良好坦誠的意見交換，可能有助於打下基礎，建立更健全（也就是更有生產力）、也更令人愉快的工作關係。

救命！我就是看他不順眼

問題：我是個中階主管，我的問題是，不清楚到底爲了什麼原因，我就是不喜歡部門裡的一名部屬。

那個人的工作表現不錯，是很有價值的員工，所以我並不想失去他。然而，時間愈長，我就愈來愈不能客觀看待他的績效表現。他注意到了我的負面感覺，而且我認爲，他表現出來的樣子只會使整個狀況更加惡化。

舉例來說，我認爲自己對於報告通常不會吹毛求疵，但對於他的報告，我卻像拿著放大鏡檢驗。當然，一旦開始挑剔，我就會發現一大堆毛病，要他去修正。然後等他重做報告之後，交回來的卻比原來的報告更糟糕。

請問我要如何打破這種連鎖反應呢？

葛洛夫：你能夠體會到自己不喜歡某個部屬，因而蒙蔽了你對他工作表現的評價，

已經踏出了處理這個問題的過程中最困難、也最關鍵的一步。除非你承認這一點，否則根本不能處理。現在，你必須管好自己，以更理性的方式處理這個狀況。

要有自覺地努力，將自己對部屬績效的評價放在客觀的基礎上。問問自己，你對他確切的要求是什麼，比如他應該達成什麼？應該在什麼時候做到？然後，確定你們兩人之間清楚理解這些目標，並且強迫自己把心力集中在他的工作表現上，而不是你個人的感受。

例如，你自己心裡要先想清楚，一份好的報告應該具備哪些特點。拿一張紙把這些記下來，和部屬討論一遍。事先建立這類準則，應該可以幫助他做出第一次嘗試就符合你標準的報告，也可以減少因重寫而讓彼此感到挫折的惡性循環。

這是「目標管理」的本質，應該可以協助你專心去看部屬的成就，也可以控制你對他看不順眼的感覺。

因部屬威脅而讓步，你就完了

還有另一種情形，有時候，你個人牽扯到某種衝突，事情愈演愈烈。到最後，已經不是好惡的問題，而是意志與性格的對抗。

問題：我是部門經理，最近，我和一名部屬因爲組織編制的一件事而意見不合有一段時間了。他想要以某種方法來解決，而我卻傾向採用另一種方法。我們爲了這件事討論了許多次，但似乎無法達成共識。

我們上次討論的時候，他告訴我，如果我不同意他的解決辦法，他就要辭職。我仍然不喜歡他的解決辦法，但我也不得不考慮這個事實：很難找到可以取代他的人。

A

葛洛夫：在我看來，你的部屬已經爲你解決了這個問題。任何經理人都不該因爲受到威脅而考慮任何事！如果你現在讓步，你們兩人之間的工作關係就像被下毒一樣，永遠無法恢復。你們兩人都會知道：他威脅過你，而你讓步了，而且每次你們坐下來考慮某個新問題時，你們兩人都會預期那種情況會再度上演。

找你的部屬當面討論，向他解釋，在他做出威脅時，你還沒有定案要如何解決這個問題，但他既然那麼做，你也就別無選擇，只能採用你的方案。舉例向他說明，假如你對他讓步，你們兩人以後會有什麼難處。請他站在你的立場想像一下，假如兩人易地而處，他又要如何應付這樣的威脅。你要強調，除了他對這個問題表現的行爲之外，你非常重視他的貢獻，並且表達你希望雙方都能忘記這件不愉快的事。

請他好好考慮，不必當場回答，並且訂好時間與地點，請他到時候給你答案。等你們下次見面的時候，他會道歉的機率很高。如果他眞的道歉，你就忘掉這整件事，就當沒發生過；如果沒道歉，你們只好分道揚鑣。短時間內，你可能會因此面臨一些困難，但長遠來看，對你一定比較好。

有些讀者看到答覆後還會再次來信，讓我知道後續情形，這位讀者就是其中之一。他照我的建議去做，沒想到這位部屬立即讓步，避免更進一步的衝突，還說他絕對不是有意威脅，整件事根本是一場誤會。無論如何，他們兩人終於恢復良好的工作關係。

在「外面」看到部屬的求職履歷

另一件事也在考驗經理人的能力，就是真正失去或可能失去一個重要部屬，很有可能是你管理這個人的工作做得不算太好，所以你可能有一天需要因應。雖然困難，但如果你現在打算補救這個局面，就必須克服自己的愧疚感，集中心力處理部屬的問題。

問題：我管理一群產品規畫人員。最近，我從某個可靠的來源聽到，我最得力的部屬之一，竟然把履歷表送到外面了。從他給我的印象，我以爲這個人喜歡目前的工作，也感覺到工作有挑戰性。他不曾抱怨加薪不夠多，也不曾爲了其他事情發牢騷。

我覺得，我的下一步必須做對，否則我就會失去他。請問我應該如何進行呢？

A

葛洛夫：你別無選擇，只能坦白直接找你的部屬談一談。安排一次密談，要留充分的時間，因爲你要處理的可能是非常敏感的討論。你的開場白，就像你來信提問那樣講就行了，也就是說，你以爲他對工作很滿意，也感覺有挑戰性。

告訴他，你認爲他是最有貢獻的員工之一，而他又顯然有意要離開，讓你實在想不通。問問他，到底爲什麼會開始到外面找工作。你要明確地強調，看他有什麼需求，你會盡量滿足他，讓他沒有理由或渴望想要尋求改變。

講完這個重點之後，停止說話，開始傾聽。記住，你的部屬大概沒想到你會突然問他這件事，而且或許會很緊張。所以你要耐著性子，給他時間理出頭緒。你不大可能一下子就聽到他想要換工作的眞正原因，但到最後，他會慢慢告訴你。

然後，開始努力補救這個事件的起因。有時候，人們把履歷表丟出去，只是爲了弄清楚自己是否還有價值，是否仍然有人要，所以別忘了還有這種可能性。或許你一向看他所做的事理所當然，所以他不知道你有多麼賞識他。如果是那樣，你就需要提供這類令他放心的保證，也要繼續這麼做。

> 經理人的貢獻和產出就是他所帶領團隊的貢獻和產出。說來容易，然而，從本章的例子可以看出，要讓團隊全體成員齊心協力，可沒有那麼容易。他們都是獨立的個體，每個人考量的事、覺得敏感的事以及期望的事都不一樣。管理者的責任就是要處理這些事，好讓團隊可以繼續運作，而且做得成功。

工會影響員工凝聚力

在我所知的狀況當中，對團隊破壞最大的莫過於外力介入，而這種勢力只考慮本身的利益，這類狀況對於經理人的挑戰最大，考驗他們凝聚員工團結的向心力。

某個工作場所企圖成立工會的時候，就會發生這種情況。幸好我只經歷過一次，但就連那一次也嫌太多。那是在我們的一座工廠，一九七〇年代的事了。發生這種狀況，多半是因為管理方面的錯誤，這次也不例外。廠長做了一些武斷專制的行動，使得部分員工心生不滿，這就足以創造出成立工會的環境。接下來，就是好幾個月的夢魘：辯論、混亂、爭吵；在這種氣氛之下，其他一切事務都變得非常重要，工廠的工作反而被擺到後面去了。

終於，表決組成工會的日子到了，超過八成的員工投了反對票。只不過，回歸正常的過程很緩慢。員工在前面幾個月逐漸產生的敵意，花了很長一段時間才癒合。可以說，幾個管理上的錯誤，就讓我們全體陷入混亂與敵意的惡夢，之後卻花了好幾個月的努力才讓我們擺脫這種狀況。

問題：最近，我們的一個廠區中有人提議成立工會。大家最後投票表決。合格的投票者共有九十六位，結果，五十四票反對，三十四票贊成。雖然投票結果否決了工會的提案，讓我鬆了一口氣，但是，還有三十四個人那麼不滿意，認爲他們需要工會來解決他們的問題，我又要如何管理他們呢？

A

葛洛夫：你面臨的問題可能比你信裡面提到的更加困難。一般來說，在工會代表選舉之前的競選活動期間，大家的情緒會變得非常強烈，傾向支持不同候選人的員工也會嚴重分裂，造成兩極化的對立。親戚朋友之間對彼此的敵意會愈來愈強烈，在員工之間也會彼此疏遠。等到選舉終於結束，輸的一方往往會怨恨贏的一方。

身爲管理者，你有兩項任務。第一，你必須協助彌補裂痕，員工才有可能恢復原本的合作與團結。無論如何，都要避免處罰輸掉的一方。當著全體員工的面，清楚表達你的意願，希望聽大家提出任何問題。

第二，你需要設法弄清楚，爲什麼你的員工裡面有多達三分之一的人覺得需要工會來代表他們。因爲你和員工之間的溝通一定相當糟糕，所以不可能只問幾個問題，就能得到你要的答案。你要花很多時間在這上面，一次找幾個員工見面討論，或許和他們一起喝咖啡，仔細聆聽他們的問題與意見吧。

過一段時間，提出怨言的模式就會開始浮現，眞正的問題也會凸顯出來。然後，你必須處理這些問題。而且，經過這件事之後，溝通管道一定要隨時保持順暢開放。

第7章 部屬的成就就是主管的成就

經理人可以增加價值的方法之一，就是放手讓部屬去做事，不要事必躬親，這就是「授權」的意義。授權若要成功，經理人必須打從心裡接受，也必須牢記不忘這件事：他真正的產出就是所有部屬工作成果的總和。因此，他最應該努力的方向，就是增加整個團隊的產出，包括工作的產量與價值。

最終，大多數的經理人會學到從部屬的成就與成功中獲得快樂。然而，在他們走到這裡之前，需要先克服一些障礙。

沒人做得比我好

大多數人之所以晉升到管理職，是因為以前實際做事的時候表現優異。因此，我們判斷部屬績效的時候，很可能會拿我們以前的表現來比較。如果他們沒有達到標準，身為主管的人往往有強烈的衝動，想要把那件工作抓過來自己做。我們常常對自己說，自己可以做得更好，而且，假如還要引導他們學會這項任務的複雜難懂之處、費力改正，還要一路上解釋讓他們了解，還不如自己做比較快。

當然，這個問題就是，如此一來，我們永遠無法擺脫這件任務！

Q

問題：我自己開公司，換句話說，我是唯一的員工，但我也接受其他公司約聘，爲他們撰寫文宣資料。我的收入不錯，但我也希望自己的公司有所成長，這就意謂著我必須承接更多客戶。

我的問題是：我接的這些案子，除了編輯工作之外，還要花許多時間做研究，跑外勤採訪及蒐集資料。爲了開發新客戶，我必須空出更多時間，也就是要請個編輯來幫忙。我很擔心，如果這樣做，就會犧牲掉我的工作品質。請問有什麼建議嗎？

今天的經理人，有誰不曾擔心類似的問題？但是，假如不能設法克服這種困境，管理工作就不可能成功。

葛洛夫：雖然你只是一人公司，但你的問題很類似許多成長中的公司所面臨的狀況。如果你繼續每一件事都自己做，根本不可能擴展你的事業。你必須學習找人進來幫忙，但不影響到整個組織的工作品質，這是企業成長的必經過程。這裡有個極爲重要的平衡概念：如果你太保守，就會失去良機；可是，假如業務衝過頭，工作品質低劣可能會導致客戶流失。

你本身的工作性質顯然必須改變，你得挪出時間發掘新客戶，而且在你增加其他員工例如編輯人手的同時，必須訓練他們，做出符合顧客已經習慣的作品風格。

然後，在新編輯慢慢接手處理你以前的部分工作的同時，你需要監督他或她的工作。剛開始，你必須盯得很緊，直到確定你的編輯做出來的東西跟得上你自己做的水準。別忘了，既然你變成了主管，部屬的產出也就是你自己的產出。

如果貴公司這次增加人手成功了，以後就可以增加其他人。你需要挪出愈來愈多時間去做其他工作，例如訓練、監督及評估部屬的工作，這才是管理者應該做的事。

讓部屬犯錯也是一種過失

訓練、監督及評鑑是成功授權的重要基礎，換句話說，授權的過程若要成功順利，管理者就必須變成老師及教練。

在這種教導與訓練的過程當中，最微妙的部分就是決定要放權的時機與方式，這是主管與部屬都同樣煩惱的問題。

提出下一個問題的讀者，表達了其中一派的思想。

Q **問題**：我是不是應該努力預防部屬犯錯？畢竟，從自己的錯誤當中學習，效果可能最好。

A **葛洛夫**：主管應該盡全力指導部屬，在不會損害到無辜第三方（如顧客利益）的錯誤中學習。醫學院訓練外科醫師的時候，不會讓他們自己去做實驗；航空公司教導飛行員的時候，也不會讓他們去摔飛機。他們用不會對其他人造成傷害的方式教導他們。如果你是工程部門的經理，你要利用自己以前擔任工程師的經驗，叫部屬注意設計上可能會被「抓到」的問題；如果你是業務經理，可以去拜訪資淺業務員負責的一些客戶，確定他們提供的服務與維繫的關係符合應該達到的標準。

很顯然地，以這種方式教導我們的部屬，執行起來眞的是困難多了。主管必須擔負起更重的責任，他得仔細盯著部屬，甚至牽著部屬的手做事，而且萬一發現可能釀成大禍，也要隨時準備插手。不過，這都是主管（或老師）份內的工作。

有些人贊成完全放手讓部屬做事，表面上看起來是「讓他們從自己的錯誤中學習」，但結果不過是讓別人爲這種培訓方式付出代價而已。

想「單飛」？要憑本事

除了「讓他們從自己的錯誤中學習」的想法以外，經理人與部屬還面臨一些難題，就是決定多久以後可以放手、需要查核到什麼程度，以及應該盯多久。

針對某個特定的狀況，要找到正確答案的關鍵，就是要記住：即使經理人（老師）已經教導部屬（學生）某種技能，但是，工作成果的品質仍然是管理者的責任。因此，監督、查核、評鑑必須繼續，而且要有足夠的嚴格程度，確保結果符合要求，直到部屬的表現可以證實再也不需要這類查核動作。別忘了，外科醫師與飛行員必須先通過各項嚴格的考驗，才可能允許他們自己單獨作業。

問題：身爲五名員工的主管，我會仔細檢查他們的工作，確保我們的各項專案準確執行，並如期完成。我常常發現他們工作的品質比較差，他們的工作標準實在達不到我的要求。我發現這種狀況給我很大的壓力，我也很討厭必須扮演偵探，並且不斷提醒部屬注意完成期限。請問你有什麼建議嗎？

問題：最近，我開始在一家圖書館工作，我的主管是個親切的女士。因爲我是新進人員，所以她很仔細盯著我，努力協助我進入狀況。剛開始，我眞的很感激她的幫忙。但我現在已經熟悉相關工作，她老是在我身邊轉來轉去，反而讓我緊張得要命。事實上，有她在場我反而更容易出錯，她不在旁邊的時候，我就不會犯下那些錯誤。請問我該怎麼辦？

Q

問題：我的頂頭上司是副理，她覺得我做的每件事都是錯的！我試過找她談，想要了解她到底有什麼不對勁，但一點效果也沒有。現在，每個人都盯著我看，並且檢查我做的每一件事，快要把我逼瘋了！請問我能怎麼辦呢？

葛洛夫：一個團體工作產出的品質是管理者的責任。所以，認眞對自己工作負責的經理人，就會視需要盡量查核團體的工作。這並不是「扮演偵探」，也絕對不是管理者應該討厭去做的事，這是管理工作的一部分！

至於要查核到什麼程度，以及部屬工作出錯應該怎麼辦，又是另一回事了。一個人剛開始做新工作的時候就需要接受訓練。這是主管的責任，也是管理工作的一部分。即使執行訓練之後，學習到的技能也要經過一段時間才會徹底吸收，所以本來就應該再查核與強化。

隨著工作的時間長了與實作機會多了，部屬就會學到東西，好的主管也會慢慢鬆手，但不會完全放手。或許他會每隔四件工作抽一件出來檢查，也有可能只檢查特別麻煩的工作，但必須檢查相當長的時間，因爲他心裡牢牢記住，他對部屬的工作品質永遠都要負責。

如果部屬急切不耐，想要獲准可以「單飛」工作，這是可以理解的，畢竟這代表自己的能力得到賞識，也象徵自己成功了，但這種情況必須靠部屬努力去爭取。

對於這位希望自己獨立做事的心急部屬，我建議你這麼做：要求和主管見面談一談。表達你很希望做事的時候，不必老是有人在檢查你的工作。請主管開出一套條件，如果達到要求，就能讓你獲得獨立作業的「許可證」。

舉幾個例子，可能是完成某些數量的工作而沒有任何差錯；或是對顧客做簡報，請你的主管到場，但只是看你表演；另一個方法是自己攬下訓練新進員工的責任，表現出你對現有工作的知識。

然後，你就努力工作，試著達到那些條件。

一個主管應該帶幾個人？

適當授權可能面臨的一項大問題，就是管理的部屬人數太多或太少。部屬人數不恰當，就會迫使管理者去做不適當的活動。給管理者的部屬太少，他就會對他們的工作管一些原本沒必要去管的事，因為他沒有別的事好忙。要是管理太多人，管理者又會忙不過來，無法仔細查核部屬的工作。

Q

問題：我是一個中階主管，底下已經有四個人。最近，公司改組了，上面的主管告訴我，我必須多管兩個人，而這兩個人所做的工作與我目前管理的其他人差別很大。我目前的部屬已經占掉我的全部時間，如果再多管幾個人，我的管理品質就會受到影響。請問有什麼方法可以判斷某個人的管理工作是否負擔太重，還是剛剛好？

葛洛夫：應該管理多少人才算剛剛好，其實並沒有定數。一個管理者可以督導的人數，取決於部屬的經驗水準。如果大家都是非常有經驗的熟手，可以管理的人數就會比較多，如果他們對於目前的工作完全陌生，管理的人數就會比較少。

我認爲，一位全職的經理人直接管理的人數至少六人，最多則是十二人左右。在任何狀況下，對一個全職的主管來說，管理四個人應該不是太大的負擔。如果你感覺超過負荷，你可能需要重新評估自己的管理方式。或許你應該採用更有系統的溝通管道，以及監督部屬工作的方法。

事實上，如果公司處在競爭比較激烈的市場，就會發現管理層級太多是一種負擔。除了成本比較高之外，每多一個層級的管理，也就會降低整個組織的應變能力：資訊傳達的過程更長，決策也比較麻煩。因此，管理結構目前已有扁平化的趨勢。

舉例來說，假如採用舊式架構，一個部門經理可能需要監督三個課，各個課長則要督導三名或四名部屬的工作。如果員工受過良好訓練而且經驗豐富，同樣的這個部門就可以由經理一個人來管，監督整個團隊九名到十二名員工的工作。這種安排方式的主要優點是，經理人現在直接接觸每一個實際做事的員工，因此就能更即時、也更有效地回應部屬的問題。

在這樣的狀況下，經理人就不太可能有機會接過部屬的事情自己去做，因為管理部屬的工作已經夠他忙了。

部屬想搶你的工作

多年來，你一直努力培植部屬，你給他們訓練、監督及評鑑，現在，你卻發現自己碰到一個新問題——或許是你一直很憂心、卻不敢說出口的問題。

問題：如果有個副手想搶你的工作，請問你要怎麼處理呢？我現在就碰到了這種情況。坦白說，我的副手工作努力、聰明，而且非常有才幹。同時，他也極有野心，而且非常明顯，他想要我的工作，而且迫不及待。我其實不想失去他，因爲他對我們部門實在太有價値了。但是，我可不打算把我的工作讓給他。請問我是不是應該多給他大量的工作負擔，讓他忙得沒時間覬覦我的職位呢？還是我應該想辦法炒他魷魚？

A

葛洛夫：炒他魷魚？千萬不能有這種想法！你是一個很幸運的經理人。我們在企業界的主管，大多數的人都願意付出很大的代價，換一個工作努力、聰明、有才幹、又有雄心的副手來爲我們工作。

想要解決你眼前的問題，可以找他坐下來，討論他在你團隊裡的時候，你要如何更加善用他。例如，是不是有些專案可以交給他代表你去做？如果他打算升遷，更上一層樓，他是否已經訓練出可以接替他工作的人選了？

最重要的就是，除了你自己的職位之外，跟他討論他的職業生涯還有哪些選擇。或許公司還有一些更高的職位，他可以成爲合格的人選，而不只是你的職位。之後，想幾個辦法協助他，並且爲他提供各種升遷時必須具備的經驗。

很多經理人失去升遷的機會，是因爲他們沒有培養出自己工作的繼任人選。所以你要好好珍惜你的副手，因爲對你自己或你們單位，他都是寶貴的資產，也是你自己職業生涯更上一層樓的關鍵。

第8章 主管的神奇魔力

有個現象一直讓我很驚訝。我看過許多團體，成員的技能水準都差不多，但不同團體的績效表現竟然差那麼多，只因為領導的主管不同！除了優異的專業知識，好的經理人似乎還要有某種幾乎是魔法的神奇能力，能激勵部屬充滿活力，促使他們表現更好。

我說「幾乎是魔法」，是有原因的。這種能力很難分析，而如果不能分析，就沒辦法教。因此要記住：觀察成功經理人的特殊作風，有樣學樣，絕對沒有用！但是，我看過擅長此道的經理人，也有了一些觀察心得。

能夠成功激勵部屬動起來的經理人，總是為部屬設定高期望。但不會高得離譜，只是夠高到足以激發他們的活力。為什麼說經理人對於整個團體執行的工作應該了解到相當程度，這就是原因之一：能夠將期望的標準設定得恰到好處。

我想起一個獨特的案例。在英特爾，有位經理剛接手管理一群製造人員，這個團隊績效不怎麼樣已有一段時間。最初兩個月他到處走動，花很多時間找部屬談話。他給大家的訊息是，以前的績效標準已不再適用，因為現在市場競爭更激烈了。然後他向大家詳細說明，針對各個小組的工作績效，他需要什麼新標準。他做足功課：新標準比以前更難，但只有一段合理差距，雖然不容易，卻有可能達成。大家接受了這些新目標的挑戰，整個團隊開始展現前所未有的幹勁。績效改善了，全體人員終於達到新的標準。

聽起來很容易嗎？其實不然。不只是因為一開始的時候，很難知道我們真正想要什麼，更是因為除非將期望的目標清楚告知部屬，讓大家都能完全理解，否則什麼目標都無法達成。身為經理人，想要把那種難以理解的驅動力注入他所管理的部屬身上，最重要的工具就是設定適當的期望，而且清楚傳達。

如何督促部屬更努力？

Q 問題：我是會計部門的主管，我想請教的問題是，我不曉得如何管理某個新進的女性員工，她的年紀比我大十來歲。我告訴她做什麼，她就做什麼，但一點兒也不肯多做。舉例來說，她把該寄的帳單都寄出去了，可是寄完之後，她就會在那兒呆坐著，直到有人給她什麼事情做，也不管鄰座的同事桌上可能早已積了一堆未拆封的信件。我必須耗費相當的精神督促她更努力一點。請問我該怎麼辦呢？

葛洛夫：很多新進員工做事之所以一個口令一個動作，不願意超過範圍，是因爲害怕做錯事。你需要和這位部屬討論，除了明確的職務要求之外，你期望的範圍其實更廣。向她解釋，你認爲她是辦公室團隊的一員，你要求她注意四周，看誰落後了就要主動幫忙；反過來說，如果她需要幫忙，你也會期望其他同事幫她忙。強調你期望她睜大眼睛，留意看看，要是發現這類狀況，就要主動幫忙同事。

等到她更適應自己的職務之後，她就會抓到某種「感覺」，知道除了這些職務之外，她還可以多做些什麼，逐漸能達到你的預期。這不是可以立即改變的事，但如果你已經清楚傳達你的期望，最終就能改善她的績效。此外，不必去管她的年紀。她是你的部屬，你對她的工作負有責任，這和她幾歲沒有關係。

坦率說出你的期許

問題：我是一家小公司負責人，以我提供的工作條件，很難找到願意爲我工作的適

任員工。終於，我找到一個員工，他懂得很多，工作也做得不錯——如果他想做的話。我的問題是，我改不掉他打混摸魚的習慣。他老是找同事閒聊，而不是埋頭工作。

我曾經答應他，只要他的生產力提高，就會增加他的薪水，但沒什麼用。最近，我偶然聽到他向同事抱怨：「老闆從來不曾注意到我們做了任何額外的工作，卻總是只注意到我們休息了五分鐘。」

我真的希望解決這種矛盾。雖然我從沒注意到他做過什麼額外的工作，但我打算稱讚他額外多做的成果，希望能夠鼓勵他更努力工作。

請問，那樣做好嗎？

A **葛洛夫**：一點都不好！你們兩人之間的問題，就是雙方對於員工應該做的事有非常不同的期望。要是你假意稱讚他，就會立即失去可以解決矛盾的任何機會。想要拉近雙方預期的落差，唯一的方法就是你們之間要進行幾次坦率、徹底並且根據事實的討論。

採取主動：安排一次會議，找你的員工談一談，仔細描述他的績效表現，與你的預期做個比較。這次討論的基礎，要放在工作產出的成果，而不是工作花費的時間。

給他一份書面摘要，列出你的評價與期望，請他找機會好好思考，然後再回來告訴你他的回答。你可以採用簡單的方式，請他在你的評價旁邊寫上他自己的意見。記住，除非你們雙方取得共識，對於他目前做的事，以及期望他應該做的事看法一致，否則你們永遠卡在衝突當中，一定會產生大家都不愉快的結果。此外，你也要開明，不抱偏見，畢竟，也有可能是你的預期太不切實際了。

創造快樂的工作環境

樂在工作，是活力高昂且幹勁十足的團體必然會有的關鍵要素。如果你仔細想想，就沒什麼好奇怪的了，因為，我們的人生有很大部分的時間花在工作，如果我們喜歡自己的工作環境，想要維持高度的熱誠，當然容易得多。所以，你要盡一切努力，讓你自己樂在工作，也要讓你的部屬樂在工作。只是，樂在工作的同時，也千萬別忘了：還是工作第一！「樂」的部分應該有助於工作的部分，而不是對工作造成負面影響。

以下有幾個要點：

- 為了達成目標而慶祝，而不是為了今天是星期五而慶祝！雖然目標是達到某個重大的成果，但盡量多分成幾個過渡的階段，把長遠的過程換成一系列比較短的步驟。然後，只要完成一個階段，就是值得慶祝的大事，即使只是小小慶祝一下。

●不要讓任何慶祝活動影響別人的工作。我記得有一次我們公司整個工程部門停擺，因為電腦操作員都在慶祝某件大事，沒人留守看管機器！
●彼此之間偶爾開點無傷大雅的小玩笑，包括你的主管。這對他真的有好處，身為主管不應該太嚴肅！
●可以和其他部門或小組進行比賽，但務必要保持輕鬆愉快！

「本月員工」的激勵效果

Q **問題**：在我們公司，每個月都有一名員工獲選爲「本月員工」。獲選的員工會收到一張兩人份的晚餐禮券，還有一塊刻上姓名的獎牌。我猜想，這是激發大家更努力工作的一種獎勵。請問這樣有效嗎？

葛洛夫：我個人感覺，這種安排方式的關鍵要素，就是獎勵良好的績效表現。只要每個月的模範員工都是因爲績效而獲選，這件事就像在告訴全體員工，有人在乎他們的工作、進行考核，並且提供回饋。

我們可能永遠無法證明這麼做是不是眞的會激勵員工，但是，我打從心裡相信有效。此外，我認爲這樣會爲工作環境注入一點歡慶的氣息，讓每個人感覺比較有趣。所以說，我深感同意，這類做法很有用，也會建議這麼做，至於採用什麼形式，你可以根據預算來安排。

競爭也需要一點幽默感

我說過，職場上的競爭必須保持輕鬆愉快。如果經理人只是一味重視競爭的要素，做得太過火，就可能會發生類似下列這樣的情形……

Q

問題：我們主管在辦公室裡搭起某種有損士氣的競爭擂台。他認爲，只要他稱讚某人比另一個人好，就可以提升部屬的績效；我猜想，他希望我們都要努力勝過別人，這樣一來，我們的生產力就會提升。他甚至刻意修改某個員工的工作紀錄，只爲了讓另一名員工看起來比較差勁。

這種狀況對誰都沒有好處，我們所有共事的人都愈來愈緊張。請問我們可以做些什麼嗎？

葛洛夫：如果要讓競爭成爲正面的體驗，就應該要公平，並且帶點輕鬆愉快的氣氛。從你的語氣來看，你們好像兩樣都沒做到。我的建議是，你也不必勸你主管取消這種競爭，而是應該說服他改變安排的方式。

可以私下找主管討論整個問題，指出績效數字失眞的具體詳情，並且要求競爭應該在謹慎公平的規則下進行。建議幾個方法，只表揚優秀的人，並加入一點輕鬆氣氛及光明正大的運動員精神。例如，你或許可以協助主管設計、自己動手做的簡單獎牌，放在優勝者桌上一星期，然後換到下一個優勝者桌上，移交時辦個小小的慶祝儀式。採用這種方式可以強調良好的績效表現會被鼓勵，卻不會減損大家的士氣。

不過，說了這麼多，對於這位主管是否能夠或願意改變，我還是心存懷疑。

工作輪調可以保持員工活力

有時候，即使經理人已經清楚訂定預期目標，而且工作環境也能發揮激勵的效果，任何工作做久了，還是會變得乏味無趣。如果大家都必須一直做相同的工作，一成不變，創造並且維持活力與幹勁就會變得愈來愈困難。

想要維持個人對工作的興趣，有一個極好的方法，就是調動工作職務，讓大家輪流做不同的工作。此外，這也可以增進及發展員工的技能。遺憾的是，這種做法並沒有廣為流行。

問題：我在一個非營利性質的兒童夏令營工作，我們大約有三十名工作人員，包括輔導員以及行政人員，我們每個人領的酬勞都一樣，都是自願服務，也願意接受低於正常標準的薪酬，希望盡量壓低經營成本。問題是，有些工作比較難做，行政工作尤其辛苦，而且瑣碎乏味。因此，經過幾個星期之後，行政人員就不像輔導員那麼積極了。我們沒有預算多付一點錢給任何人，所以我們努力提供額外的獎勵給行政人員，但效果也很有限。想改善這種狀況，請問我們可以做些什麼？

A

葛洛夫：最值得一試的方法就是調動職務，大家輪流做所有工作。比如說，每隔一兩個星期，就讓輔導員和行政人員互換任務。這就會打破單調乏味的狀況，也讓每個人的工作更有趣。這種輪調的做法似乎既公平又實際，而且每個人得到的經驗會更豐富。

第9章 讚美或批評——都需要，都不容易

以下這封信，可能是你寫的嗎？

我眞不喜歡給批評

Q 問題：在工作方面，我最不喜歡做的，就是提出批評意見，無論是正式的績效考核，或是喝咖啡閒聊的非正式談話。但是，我是服裝店的店長，既然身爲主管，就不得不批評一起共事的員工。我要如何把這些事情處理得更好，並同時對部屬有幫助，還能得到我想要的結果呢？

根據我的經驗，大多數的經理人都有可能寫這封信。我們姑且再走一步，看看下面這封信，可能是你寫的嗎？

主管從來不給意見

問題：我管理公司的一個分支辦公室。我的問題是，除非有事情出錯，否則我從來不會得到主管的任何回饋。我只能假定，如果她沒說話，就表示我做得還可以，但是，我實在不喜歡猜想自己的績效到底如何。

我曾經試著找話題，希望跟她討論我的績效表現，但她似乎不懂我的意思。請問我可以做些什麼，讓她提供我需要的意見回饋呢？

既然你自己就像大多數經理人一樣也是別人的部屬，那麼，你大概也有可能寫上面那封信。事實上，以上兩種抱怨的狀況互有密切的關係：評鑑另一個人的工作，提出考核意見，確實是很困難的事。對於大多數經理人來說，要處理這個部分，可能不像其他工作那麼容易。

讓我再深入一步探討：不願意提供回饋，是從事管理工作的人最常見的缺點。我認為，這個問題有一部分的原因是表達某個立場的時候，我們身為主管的人不免要承擔一些風險。如果我們批評部屬所做的某件事，後來卻證明我們錯了，那該怎麼辦呢？我們免不了捲入重大爭論、傷感情，甚至可能必須收回我們講過的話。什麼都不說，不是比較安全嗎？

講到讚美的時候，狀況就更糟了。假如我們看走了眼，給了不該給的讚美，那該怎麼辦？假如部屬做的工作並不是表面上看起來那麼好，那該怎麼辦？他當然不會當面和我們爭論，可是，難道他不會背地裡嘲笑我們太好騙了嗎？同樣，什麼都不說，還是比較安全。

然而提出回饋意見，不管批評或讚美，其實是從事管理的人最重要的工具。透過回饋，我們就會提醒部屬注意，朝著正確的方向前進，確立及修改他們的預期，也能夠勸導他們改善績效表現。雖然困難，但我們還是必須批評，也必須讚美。我給第一位讀者的回答如下。

葛洛夫：經常提醒自己，你的職責並不是要挑剔部屬，而是考核他們的工作，簡單說，就是對事不對人。你的任務是要爲了你們部門或是公司的利益，讓部屬表現出最佳績效。考核部屬的工作，並且針對他們可以改進的地方，提供有建設性的意見，就是讓他們達到最佳績效的一項重要手段。

話雖如此，我還是必須提醒你，這絕對不容易。我們內心總是想要模稜兩可，不想得罪人。你自己的立場要堅定，講話實在，言行一致，不只是因爲這樣做才對，也是因爲長遠來看，這也是最有效的方式。

說比做容易，我同意。

直到今天，我還是經常感到內疚，因為沒有表達我對部屬所做的某件事有什麼感覺，或者說，至少沒有及時表達。有時候，事情過了一個小時左右，我才喃喃自語：「我剛剛應該告訴他，那種狀況根本不應該這樣處理……」然後我就會控制自己，走到外面或伸手去拿電話，告訴那個人：「我剛剛就應該立刻告訴你，可是我再仔細想過之後，事情就變得更清楚，你的做法不對……」

對於讚美，我也有同樣的問題。很久很久以前，我就在辦公桌前的壁板上貼了一張手寫牌子，提醒自己「說好話！」。我在講電話或讀備忘錄和報告的時候，有許多次，這張牌子促使我表達心裡已經感覺到卻可能閉口不說的話。

身為部屬，在這方面也要負點責任。部屬可以試著提醒主管，在任務完成的時候，請他們提供意見，例如問問他們，你的做法是不是他們想要的方式。順著這個方向，我再來回答第二位讀者。

葛洛夫：對於工作表現的回饋，你不只需要，還有權利得到。問題是要如何得到？既然沒有接觸就不可能得到回饋，所以你應該採取的第一步，就是安排和主管定期聚會。能夠面對面討論當然最好，可是，如果工作地點不同，電話聯絡或許也行得通。這種會議應該預先安排，對你的主管才方便，她也可以分配足夠的時間。不要突然登門拜訪，或者只是偶爾想到才打電話給她，應該預先安排時間拜訪或打電話，告訴她，你需要找她討論手上的案子、討論客戶，或者是其他任何主題。

列出你打算討論的主題，事先寄給她看。如果是要討論你的績效表現，或是給你意見，你的主管可能會感覺不自在，但是她會很樂意針對你的工作細節來討論。

把這類會議變成例行事務。你要親自安排會議的時間，徹底做好準備，集中討論你覺得主管建議對你有幫助的領域。

如果你發現這類會議很有成效，我想你的主管也會有相同感覺，經過一段時間，她就不會抗拒了。而且在這類會議的過程中，你會得到所需的回饋。

批評部屬太過嚴厲

即使承擔了評鑑者的角色，我們自己仍然是不完美的凡人。我們都有自己的情緒與感受，起爭執的時候難免會牽扯進來。

問題：我最優秀的部屬之一剛剛完成一項大案子，她做得好極了，但是在她拿成果給我看的時候，我注意到的第一件事，卻是一個錯誤。我有點生氣地向她指出這個錯誤，然後再仔細看其餘的部分，實在相當出色。

後來，我告訴她，她做得非常好，但我的第一個反應早已破壞掉後來的讚美效果。從此以後，她就心情很差，也一直生我的氣，甚至考慮要辭職，儘管我因爲她對這件案子的貢獻幫她爭取到一筆可觀的獎金也一樣。請問我該如何挽救這種局面呢？

A

葛洛夫：部屬拿成果給你看的時候，她大概迫不及待等你的回應。你講的第一句話，卻使她大失所望。不到一秒鐘的時間，你就破壞了她對自己報告的自豪心情。在她看來，這是你對整個工作的反應，即使你自己心裡並不是那樣想。你顯然不夠敏感，沒想到開頭講的第一句話會對她造成的影響。

很遺憾，事情已經發生，你不可能倒帶重來。你唯一能做的事，就是解釋你說那句話的來龍去脈，並且爲你的粗心道歉。

因爲對她來說（或許對你也是），這顯然是涉及情緒的事，我建議你把你的解釋和道歉寫下來。私底下讀你的信，她會覺得比較容易仔細考量你要說的話，而不需要在面對你時要設法接受你的解釋。你也不必心存防衛，努力辯解，畢竟，你也只是個凡人。

她在工作上有小小失誤，而你也犯了個錯。你原本應該以適當的觀點來看待她的錯誤，如今，你也必須請她諒解你的錯誤。我猜想，她應該會諒解的。

關於績效表現的評核意見，不只是嚴詞批評才有極大的破壞性，缺乏具體明確的詳情，至少也算是沒有建設性。當年我得到的第一次績效考核，是在我工作了六個月之後，我以為自己做了一些很有價值的事。那次考核根本沒提到這些事，反而只是根據我的「態度」、「主動」、「合作意願」等評分，真的是打分數，而且分數甚至不如我預期的那麼好。我非常失望，真的受到很大的打擊。

在那之後，我自己也做過許多績效考核，如今，我也算得上是這方面的行家了。多年來，我寫過相關主題的文章，也教同樣身為主管的人一門「基本指南」課程。然而，我對部屬的績效考核偶爾還是會失誤，引發他們類似的失望，大概不到一年就至少發生一件。

我舉兩個最近的例子。雖然我的基本原則之一，就是績效考核應該有助於部屬改進個人的績效表現，但最近我讚美一個部屬，大概做得太過火了，在考核快要結束的時候，他只是盯著我看，問說：「你真的是說我完美無缺嗎？」原來，整份績效考核當中，竟然沒有一點對於這個人未來的工作可能有幫助的想法。一旦他提醒我，而我也克服了自己的尷尬，儘管他的表現已經很出色，我仍然能輕易指出他還可以再改進的幾個地方。

還有一次，我分析另一名部屬的績效，他的表現優良，但我卻太過著重有問題的地方，簡直強調得不成比例。我給了績效考核之後，他詳細閱讀績效考核的書面報告，拿著螢光筆做記號。他用藍色標出負面的評語，用黃色標出正面的評語。然後，他回來找我，問我對他的整體績效表現感覺如何。我告訴他，我非常滿意，這時候，他把那兩張打字紙拿出來給我看：我看到一大片藍色的墨跡，只有偶爾出現幾個黃點！

一般的考核、批評及讚美就很難給了，可能還有一些狀況，甚至需要更多的決心與判斷。以下就有兩個例子。

打考績不該像打啞謎

問題：我有一個部屬，算是比較新進的員工，他是另一名經理請來的，因爲我接任這個經理的職位，也就「繼承」了這個部屬。

問題是，這名員工實在不行，而且，依我的判斷，大概永遠無法勝任。現在，我應該給他做個臨時的績效考核，算是某種試用期的考核。我到底應該告訴他，我認爲他絕對無法勝任這個工作，或者即使明明知道行不通，還是應該鼓勵他做得更好呢？

A **葛洛夫**：如果你確信自己的結論，就像你的語氣那樣堅定，就應該把自己的感覺確切告訴那個部屬。否則，不管你怎麼做，都像是玩猜謎一樣，無論你有沒有冤枉他，他都必輸無疑。

部屬太會找藉口

Q **問題**：我有一個部屬實在讓我左右爲難。她很聰明、有志氣、有活力，也有創意，表現出極大的潛力。但是，她的工作老是出錯、沒有如期完成、忘記開會，而且上班常常遲到。對於自己的錯誤、延遲、忘事，她總是有非常好的理由。這些藉口往往合情合理，只不過實在太多了。請問我應該如何處理這種狀況呢？

葛洛夫：不要再聽藉口了。你必須用強調的語氣，積極的態度，確實告訴你的部屬，她必須對結果負起責任，就是這樣。只要你心軟，願意聽她的藉口，她就會把聰明、活力及創意都用來發明藉口。

等到她眞正明白，只有工作結果才重要，她就會把這些優點用在工作上。規畫工作的時候，鼓勵她多留餘裕，時間抓寬鬆一點，而且必須特別注意她的行事曆，避免預料之外的事件影響到她的工作。

這樣的改變不容易做到，所以你要繼續努力，因爲重建個人的價值觀需要漫長的過程。但是，等到成功的時候，你會很有成就感，因爲你把一個好員工改造成優秀員工。

理想上，考核部屬工作應該採用兩種方式：一種是持續不斷的非正式考核，另一種是定期如一年一度的正式考核。

觀察部屬工作的同時，我們應該經常提供回饋，例如，他們做了哪些值得注意的事，無論是好是壞，或是從某件事看出他們已經熟練某一項新的技能。這種平常持續性的評論意見應該是非正式的，並且要針對當時的具體情況來談。舉例來說，如果你的祕書把一項困難的任務處理得很好，就要告訴她，你很欣賞她的表現，具體指出你很滿意的地方。如果部屬多做了額外的工作，因而解決了客戶的問題，就要立刻當場稱讚他的主動積極。

相形之下，定期績效考核應該採取比較寬廣的觀點。這種考核應該看部屬一年來的績效表現，應該描述比較寬廣的趨勢與傾向，你提供的方向指引，不只能教導部屬如何把某個特定工作做得更好，長遠來看還能改進他的績效表現。舉個例子，你可能會發現某個部屬對於公司的產品實在懂得不夠，因此績效往往不能落實。若有類似狀況，你可能會建議某種做法，例如送他去參加講習課程、規定他閱讀相關資料等等，經過一段時間之後，就會大幅改善這位部屬的知識。或者，你可能會發現，部屬的個性並不適合目前的工作。績效考核就是可以公開討論的好機會，看看有哪些新的任務可能更適合他的技能或個性。

非正式與正式考核這兩種回饋並不是只選擇其一就可以，而是要兩者都做，才能相輔相成。以下幾封讀者來信，說明了關於正式績效考核的看法。

書面考核有必要嗎？

問題：我完全相信執行良好的績效考核對公司很重要，但是我們公司規定，績效考核除了口頭說明之外，也要有書面形式，讓我覺得很麻煩。寫報告很花時間，而且，在我看來，也像是某種官僚制度的包袱，根本沒必要，除此之外，必須把意見和批評寫在

紙上，我實在很不願意這樣做。

即使再過幾年，任何人還是可以閱讀這些評語。如果我只要把想法告訴部屬，我就不必顧忌非得完全正確不可。請問你覺得書面的績效考核眞的有必要嗎？

A

葛洛夫：我認爲絕對必要。第一，我相信，員工的績效考核，應該經過兩個相關但稍微有點距離的人檢驗及核可，如上司的主管，還有人力資源部門的一個代表。因此，他們必須有書面的考核資料，才可能做到這個程序。

但更重要的是，書面考核是我們確保口頭評語不會太過含糊的唯一工具。我們還是面對現實吧！大多數的主管都不願意講難聽的話。如果需要看著部屬的眼睛，說出可能傷到對方的話，很多經理人難免會避重就輕，要傳達的訊息也就會攙水、失眞。對他們來說，書面考核是一個好方法，他們可以訓練自己傳達原本要說的話。

不要耽誤考核時機

問題：我在矽谷的一家新創公司工作，待了三年多。過去兩年，我的績效考核都延

遲了，連帶的，我的加薪也是！像是去年，就遲了幾個月。

其實，我並不是唯一受到這種待遇的員工。公司有三、四百名員工，而且整整三年都有賺錢。我曾找主管談過績效考核的問題，他告訴我很快就會完成，但目前他實在太忙了。我也向主管的主管提到這件事，他說這不是他的職責，也不認爲他可以做什麼來幫忙改善這個情形。

我發現，這種狀況眞是令人既失望又氣餒。請問你有沒有任何建議？

葛洛夫：回信一開始，我就先坦白招認吧。寫這封信時，我應該給幾名部屬的考核也晚了，還好只有幾個星期，而不是幾個月。此外，等我抽空做好他們的績效考核，如果有任何加薪，就要追溯到原來應該調整的日期。但話說回來，我畢竟還是耽誤了。

雖然招認了，我還是必須補充說明，這樣的耽誤延遲，其實表示管理工作做得非常隨便。把績效考核放在其他事情後面，等於是說，評鑑員工的績效不如其他事情重要，而這完全是錯誤的。

遺憾的是，我不曉得你對目前的狀況還能做多大的改變。你向主管提到這件事，也向主管的主管說了，而他的回答根本不負責任，實在是糟透了。你只剩下一條路可以試試：去找人力資源部門。對多數的公司來說，這是考核流程的監督者，也可能會認眞追著你的主管去要。然而，我沒有把握，因爲這種做法似乎像是貴公司的常態，而不是偶發事件。

你可能不得不接受現實，貴公司或許永遠不會改變這種惡習。你可以選擇容忍，或者，如果你有什麼使你想另謀高就的理由，就把這一條也加進去吧。

部屬不滿我打的考績

問題：我有一個部屬，對我上次做的績效考核極爲不滿。事實上，他寫了一封長長的抗辯書，反駁我提到的好幾個點。這時候，請問我應該修改對他的績效考核嗎？

A

葛洛夫：如果你的部屬爲他的績效考核帶來新的資訊，或是指出你沒有注意到的地方，在你閱讀他的反駁之後，有些地方現在已經同意的，當然一定要改。績效考核應該要代表你最佳的洞察力與判斷力，如果你發現自己有錯，就應該改正。

反過來說，讀完他的反駁之後，如果你的感覺還是沒有改變，那就要堅持立場。找你的部屬談一談，試著說服他，這是你觀察的心得意見，確實有你的道理。但是，即使無法說服他，你還是要保持自己的判斷，也不應該修改原來的考核。

你是主管，公司付薪水給你，請你評鑑部屬的績效。我倒是認爲，若要講求公平與慎重，應該將他的反駁意見與你做的績效考核一併歸檔，或許附上註解，說明你在考慮這項反駁之後，仍然覺得自己原先的想法正確。

主管爲了省錢而打低考績

正式的績效考核，往往形成加薪考量的基礎。也因為金錢與考核通常互相牽連，兩者之間的關係可能會受到扭曲。

問題：最近，我們主管把一個同事的考績打了低分。部屬去找他的時候，他承認，這份考核並沒有正確呈現出員工的績效表現，也暗示說，負面的評等是因爲他需要控制營運成本。請問這樣做對嗎？

葛洛夫：完全不對！員工的考核應該完全只由個人的績效決定。任何主管都不應該因爲預算限制，而扭曲部屬的績效評分。

主管通常有薪資預算的限制，他們可以根據部屬的績效分配。如果這項預算比較低，所有的部屬都應該按照適當的比例，得到比較低的加薪。但是無論如何，都沒有理由亂動績效考核的評分。

什麼時機可以要求加薪？

問題：我非常勤奮工作了一年多，眞的感覺自己應該加薪，但是我又不想要講那麼明白，開口去要。我認爲，我的主管應該看得出我也該加薪了。請問，要求加薪，有沒有什麼適當的時機？

A

葛洛夫：我的建議是，再等一陣子。給你的主管一個機會，把他要做的事完成。你的考績可能快出來了，只是比較遲而已。既然已經打算給你了，就不必開口去要，破壞他以及你自己美好的心情。

如果過了一、兩個月，還是沒有消息，再去找你的主管談一談，請他評論你的績效表現。如果他給你滿意的評價，再提出加薪的事。但是，你採用的方法一定要讓你自己和主管都能成爲「贏家」，建議要採用探詢的方式，而不是要求，此外，如果主管沒有當場處理你的請求，也要再給他一段時間。

給考績又不花錢

沒有加薪的預算，不應該當成不給考績的理由。

Q

問題：我在一家非營利機構兼職，工作一年半了。獲得這份工作的時候，我覺得以時薪來看，算是相當不錯。然而，自從我開始在這家機構工作以來，還沒有人考核過我的績效，或是提到加薪的事。我很希望知道自己表現如何。我向直屬主管和理事長提過，希望有人給我考績，卻都沒有結果。我聽到的唯一答覆就是，這是一家非營利機構，沒有每年加薪的預算。可是，我納悶的是，績效考核又不必花錢！

葛洛夫：我完全同意！績效考核確實是不花錢的！而且，從士氣、激勵及績效表現來看，忽略考核反而要付出很高的代價。

近幾年，半導體業務嚴重衰退，英特爾不得不延緩加薪的計畫。由於考績與加薪通常密切相關，為了績效考核是否也應該一併延後，我們激辯了一段時間。在那段時間，為了努力應付業務上的困難處境，雖然我們大大小小的主管早已忙得不可開交，但最後我們決定還是要進行績效考核，就算不能加薪，也一定要打考績。我們的理由是，員工對於自己做得如何、比起別人的表現如何，以及還能如何改進，在此非常時期，他們同樣需要知道，甚至比平常更需要知道。

第10章 開除也要做得漂亮

你有被炒魷魚的經驗嗎？我有。即使事情過了三十年，對於當時那種恥辱、無助還有忿恨的感覺，我仍然記憶猶新。我記得當時有一個想法是：「不可能！這種事不可能發生在我身上！」我記得某種恥辱的感覺，卻又不是因為做了什麼恥辱的事。這實在是非常糟糕的經驗。

你有炒人魷魚的經驗嗎？我有。那也不是什麼美妙的經驗，我還記得為了這個決定痛苦掙扎了好幾個星期，質疑自己，那樣做到底對不對？我是不是一切辦法都用盡了？我還記得找部屬談話之前的焦慮不安，甚至有怯場的感覺。我也忘不了他那受傷的神情，還有他憤怒的眼光。這個，同樣也是非常糟糕的經驗。

因故解雇員工是極為嚴厲的行為，是最迫不得已的懲戒行動，顯然對員工傷害最大，但執行者心裡也不好受。

開除不適任的人是否公平？

因為績效不佳而開除某個人，真的公平嗎？畢竟，是公司要他去做無法勝任的工作。既然是公司的錯，我們真的應該懲罰員工嗎？

問題：我部門有個高級技師實在做不了事。我用盡一切辦法訓練他、激勵他，但他還是繼續搞砸工作，甚至拖累了整個團隊。我早就想開除他，但我覺得有罪惡感，畢竟，當初雇用他的人是我。如今，我才明白當初實在不應該雇用他，但我還是錄用他了，現在，爲了我的錯誤而處罰他，恐怕並不公平。

A

葛洛夫：這樣的行動是否公平，要看我們是在爲誰著想。你擔心著要對這位部屬公平，卻也必須考慮其他人。比如說，因爲這名員工的績效不佳，他的同事可能必須負擔額外的工作量，對他的同事來說，這樣就公平了嗎？

你也應該考慮因爲這個人工作品質低劣而受到影響的顧客，除此之外還要加上股東，因爲績效不佳的人顯然無法帶給他們利益，這時候，是否公平的問題就會有完全不同的觀點。你可能看走了眼，做了悔不當初的決定，但你爲了這個錯誤還要懲罰和折磨同事、顧客和貴公司的股東多久呢？

在我看來，眞要講求公平，就是經過所有合理的嘗試幫助他達到符合要求的表現，若仍然徒勞無功，就應該將績效不佳的人革職。唯有如此，你才可能對所有人都公平。

如果你還是無法明白這個道理，那就想像自己是在接受服務的這一端，比如說，有個航空公司的維修工人無法勝任，開除他是否公平呢？換個角度，讓他留在原來的職務上，對你這位旅客又公平嗎？

一旦達到必須開除某個人的程度，重要的是想出適當的方法去把「開除」這件事情做好。根據我的經驗，解雇很少做得漂亮。大多數經理人都覺得這種事很難處理，因此往往能拖就拖，等到拖延太久之後才非常倉促執行，好像是這樣才能彌補失去的時間一樣。

我有一個同事，做這些事情一向很有效率，同時又兼顧人情的考量。他花很多時間，也早早開始這個過程。如果考慮請某個員工走路，他會與這名員工坦率討論他的不滿，也讓對方知道，在他看來，再這樣下去，結果大概是解雇。因為他開始得夠早，而且對部屬很坦白，他們兩人就可以協調出過渡時期的方案。這名員工也有時間另外找工作，等他找到工作，就可以自己請辭。像這樣處理得漂亮的案例裡，整個過程不需要承受痛苦煎熬，還是一樣可以請表現不稱職的人離開。

誠實是最上上策

以適當的方式開除某個人是非常困難的工作，以下的例子點出了處理這項工作的關鍵要素：誠實——對自己誠實，也對部屬誠實。

Q

問題：大約六個月前，我被一家電子公司開除了，公司的經理不肯給我詳細的解釋。在當時，並沒有明顯的原因要把我革職；事實上，他還爲了某個主管職位而打算找我去面試。難道說，我連要求公司解釋清楚的權利都沒有嗎？

問題：最近，我被革職了，因爲幾個莫須有又很荒謬的理由，基本上就是說，我不適任。不過，幾天前，我接到以前主管打來的電話，問我想不想回去工作。因爲我喜歡那份工作，所以就答應了。在我被開除的時候，是否應該要求一個比較好的解釋，或是書面的說明呢？現在，我該不該問公司，爲什麼要請我回鍋呢？

葛洛夫：這兩個問題都說明了一般人要勇敢面對另一個人，以誠實又直接的方式處理這件棘手的事，是一件多麼困難的事。

把壞消息告訴部屬，是很不愉快的任務，看樣子，這兩個主管都選擇了對他們自己最容易的方式來處理。其中一個決定不提供任何解釋，以爲那樣就沒有什麼好爭論了。另一個可能試圖努力找一些具體的事實當成解雇的原因，讓人很難反駁，但顯然並不是眞實的理由。

這兩個案例都造成員工充滿困惑與挫折感，更糟的是，隨著時間過去，像這樣被開除的人，常常會愈來愈憤怒。解雇的場景一次又一次在他們的腦海裡重演，也會覺得那些理由愈來愈沒有道理。就像俗話說的，誠實眞的是最上策。

至於你們兩位，現在該怎麼做呢？

給第一位讀者：雖然你的確有權利要求誠實的解釋，但事情過了那麼久，我不曉得你有沒有機會得到眞正的答案。我猜想，你的前任主管也不希望他認爲已經結案的難題，竟然還要再發生一次。再怎麼要求解釋，只會讓你得到一個毫無用處的簡短答覆。要回頭舊事重提，實在是太遲了。

給第二位讀者：你比較有機會了解事情的眞相，因爲你要回到同一個地方工作。找你的主管見面，解釋說你希望從這件事學到教訓，請他詳細說明事情發生的經過與原因。不斷問他爲什麼決定解雇你的相關問題，強調你的意圖是要從這件事學到教訓，從而改善你自己未來的績效表現。雖然我沒有把握你會得到合理滿意的解釋，但大概可以從這次的交流約略知道一些。

開除原因應該保密

雖然我堅決認為，應該要以公開坦誠的方式處理解雇的原因，但我覺得保密也同樣重要。

Q

問題：兩個月前，我的朋友因爲工作拖延太久沒有完成，被我們公司開除了。最近，又有一位同事因爲同樣的理由而被革職。

某個人被開除的時候，這個狀況包括開除他的原因，爲了減少其他人犯同樣錯誤的可能性，難道不應該請其他員工注意嗎？

葛洛夫：我認為，員工的績效考核，尤其是涉及處分的時候，應該要看成是一件需要高度保密的事。這是員工和公司的事，和其他人都沒關係。

然而，想要從別人的錯誤當中學習教訓，這一點你說對了。訓練你，是你主管的責任。讓你不必自己去學別人已經透過犯錯而發現的教訓；傳達對於績效有何期望的標準，也是你主管的工作。舉例來說，如果他看見部屬對於某件案子有所耽擱，早就應該先找部屬討論這個問題，不要等到事情愈來愈嚴重，才變成革職的理由。

績效的標準可以也應該傳達給部屬，但做這件事時不能侵犯員工的隱私權。

不要隱瞞被開除的過去

被開除的經驗可能會在個人的職業生涯投下很難磨滅的陰影。任何經理人都不想雇用一個「爛蘋果」，而且，因故被革職，就像是舉著一面明顯的紅旗。被開除的員工必須背負這個不光彩的紀錄，而且可能要好一陣子之後，才能累積良好的表現來抵消過去的負面事件。因此，員工想要隱瞞過去的問題也就不足為奇了。

問題：最近，我二十五歲的兒子被公司開除了，理由是偷竊。他說自己完全是無辜的，事情之所以發生，是因爲他把一筆現金存款轉交給另一名員工。他沒想到要拿收條，但這筆現金消失不見了。至於另一名員工，也同樣被炒了魷魚。

他要怎麼找到另一個工作呢？他不想說謊，但是如果他說自己被開除，根本就找不到工作。看樣子，他眞是左右爲難呀！

葛洛夫：確實是左右爲難。我很同情令郎的處境，但我會力勸他千萬不要說謊，不管找工作有多麼困難。無論如何，他總是犯了錯，就算沒偷錢，也疏忽了要拿收條，就必須勇敢面對後果，並且現在就面對比較好，而不是找比較輕鬆容易的路，否則他的人生與職業建立在謊言之上，就會永遠活在老是害怕被人發現眞相的恐懼當中。

平心靜氣看待過去

隱瞞過去是行不通的。人生何處不相逢，冤家路窄的狀況太常發生了。我想起一個員工的例子，幾乎從一開始，就有許多關於他「過去紀錄不良」的傳聞。他的主管當面質問他關於這些傳聞的事，請他澄清。這個人否認，說這些傳聞沒半句是真的。於是，事情暫時告一段落。直到一年後，曾經和這個人合作過的另一名同事，也來到我們公司。他對大家的懷疑提供了事實的說明，這個人最後就被開除了，也必須為了找工作而在外「到處奔波」。所以說，想要處理你的過去，尤其是不良紀錄，一定要採用比較好的方法。

問題：我有兩次被開除的經驗，但我並非性急暴躁或能力不足，而且我做的工作相當受到重視。我只是知道自己的想法，也知道自己的人生與事業要走的方向。我不願受人利用或威嚇，去做自己基本上感覺不自在的事。我堅持自己的信念，也就承擔了被解雇的後果。

在我目前工作的公司，很多人都非常自負。背後捅人刀子的情形時有所聞，而且，在你表現不錯的時候，總是有人會想辦法要讓你難看。結果，我面臨了許多派系鬥爭的困擾。

一想到要接受另一份工作的面試，我就覺得恐懼。我害怕未來的雇主會看我以前的紀錄，馬上以為我是個「惹麻煩的傢伙」。請問我要如何在面試一開始就消除對方這種印象，又不至於讓面試主管認為我太好辯？

葛洛夫：坦白說，聽你的語氣，我覺得你好像太自以爲是。所有的關係，包括員工與雇主之間的關係，都是雙方的責任。我的感覺是，你不承認自己也要負起部分責任。

老實說，你有兩次被開除的經驗。如果都不是你的過失，你至少犯了選擇雇主不夠妥當的錯誤。你眞的知道自己想要做什麼嗎？在面試的時候，你有沒有清楚表達自己的意願呢？如果對於自己的人生與職業的方向有那樣強烈的感覺，那麼在你加入新公司之前就應該弄清楚，而不是之後才去發現。

想要盡量減低以前的經歷對未來人生造成的負面影響，最好的方法就是平心靜氣看待過去的自己。如果未來的雇主可以看出一些理由，了解「這次」爲什麼會不一樣，他就比較有可能給你另一次機會。

公司合併，只能靜觀其變

當然，很多人之所以失業，並不是因為績效表現不佳，而是因為公司再也不需要他們，或是無法繼續雇用他們。雖然這樣的解雇對員工的個人職業生涯與自尊心不會造成那麼大的損傷，但裁員帶來的經濟衝擊也差不多。此外，擔憂失業也可能對上班情緒造成負面影響。

問題：我目前在一家大型機構工作，是本地分公司的業務代表。上個月，我們接獲母公司的通知，我們要被賣掉了。這有可能帶來什麼影響呢？員工在工作、管理及福利方面，可能會有什麼變化呢？我們目前有賺錢，請問這樣會有任何差別嗎？

問題：大約兩年前，我工作的公司被一家大企業收購了，從那時起，我們已有兩次規模較大的裁員。到目前爲止，我還沒受到影響，但我感覺前途非常沒保障。朋友們一直催促我另謀高就，但我喜歡目前的工作，而且對公司有某種忠誠感。請問您有什麼建議嗎？

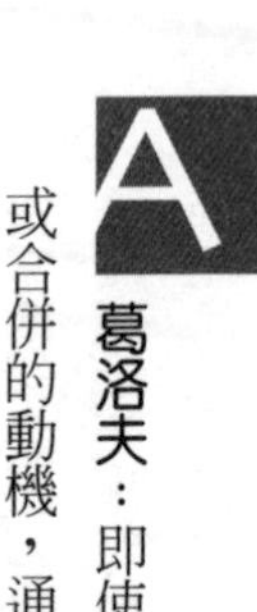

葛洛夫：即使是收購公司的高階主管也不能預知收購將會帶來哪些變化。決定收購或合併的動機，通常是希望把兩家公司的資源放在一起，而且，透過結合這些資源，就可以利用同樣數目的工廠、銷售地點及人力達到更多成效，或者是減少工廠數目卻能完成同樣的任務等等。如果是後者的例子，就有可能導致裁員。

通常，如果你在管理階層裡的位階愈高，這種合併對你的影響可能更大。但即使如此，仍然很難確切預料未來到底會如何。隨著組織合併，人事精簡，你的職位可能就沒有必要保留了，但反過來說，新的機會也可能帶給你好處，而這是原來的公司絕對不能提供的。如果結合不同公司的構想眞的很好，一旦完成各項變革，新的公司就會更強大，也會爲你帶來新的發展機會。

由於這種狀況實在很難預料，我給兩位的建議都是耐心等待，靜觀其變。你們周圍的變動，大概還會持續一段時間。看看第二位讀者的狀況，公司合併之後兩年還沒塵埃落定。不過，雖然這些變動可能會對工作造成風險，卻也有可能帶來機會。

「拆夥」也是一種開除

至於搭檔合夥，也有可能碰到類似解雇的情況。雖然夥伴通常不能開除對方，但合作關係若要繼續，就要靠所有的當事人善盡本分努力工作。如果情況不是那樣，可能需要採取相當於「因故革職」的行動。

問題：我有個搭檔，我們一起做一件相當大的案子。原則上，我不反對和人搭檔工作；事實上，我的工作需要搭檔。然而，我很擔心搭檔的工作表現。他對我們案子無精打采的態度，已經造成我們的雇主質疑他還有我的能力。

我眞的很氣憤，自己的能力因爲搭檔缺乏幹勁而受到質疑。請問你會建議什麼補救之道呢？我已經向他暗示了好幾次，卻沒有什麼效果。

葛洛夫：到了這個地步，絕對不能只有暗示！你現在談的是你自己的專業名譽，對你的職業生涯可能有長遠影響，事關重大，可不能開玩笑。

整理相關的事實，以及你觀察到的心得，盡可能具體，然後，找你的搭檔關起門來談。你應該有個目標，等到會議結束，可能有三種結果，你要確定是哪一種：一、你的搭檔對於目前的狀況可能有不同的看法，他說服你，讓你相信自己誤解了；二、他同意你的見解，也答應從此下定決心，努力做好工作；三、你得出結論，你們兩人無法達成共識。

如果是第二種狀況，你必須設法確定他的承諾是可靠的，而且他會保證積極行動。在討論的過程中，你們要各自設定清楚的目標，並且同意共同檢討進度。此外，當場就要安排下一次檢討會議。

反過來說，如果討論的結果是你們無法達成共識，就別無選擇，只能拆夥。我的建議是，如果眞的走到這個地步，你就要盡可能速戰速決，趕快拆夥，不應該等到兩人都積怨太深，敵意太重，那時候就不可能理性分手，好聚好散了。

第11章 如何做出好決策？

部屬經常抱怨主管一意孤行、變化莫測：「他還搞不清楚怎麼一回事，就去把系統改了。現在，沒有一樣東西正常運作！」至於主管呢，也會抱怨部屬如何抗拒新的想法：「他們的心態很封閉，什麼新的事物都不願意試一下。」。

人們也常常抱怨自己的主管，「除非他認為那是他自己的點子，否則他就會拚命反對。」主管也會發牢騷，要「推銷」自己的決策，往往需要耗盡心力。

同事私下搞破壞

問題：我擔任管理職已經五年，但仍然會遇到同樣的問題。每次做決策，同事就不贊同，而且會對我還有團隊私下搞破壞。結果即使是我的部屬，也不把我認真當一回事。決策也很難貫徹到底，請問我要如何解決這個問題？

> 對於類似的狀況，這位讀者已經比大多數經理人領先一步了，至少他明白自己有責任去改善，有很多經理人只是指責同事就算了。我的答覆是，需要一點互相尊重，彼此都要釋出善意。

葛洛夫：如果這五年來，你都有決策無法獲得支持的困難，那麼問題一定出在執行的方式。我猜想，你做決策的時候，可能沒有讓同事及部屬參與。沒有事先告知，就突然丟給別人的決策，很容易引起大家反彈。

在決策過程的早期階段，你可以試著多花一點時間。定案之前，先找同事討論你打算做的決策。請大家提供意見，並考慮他們的觀點。

應該和大家討論各種不同的方案，並仔細傾聽他們的反應。等到你得出明確的結論，在你宣布之前，再去找他們談，並且告訴他們你所做的決策和理由。然後，也必須等到這時候，你再正式宣布。

一開始，你可能會覺得這種複雜的過程好像很浪費時間，但我認為，長遠來看，你會發現這樣反而會節省時間，最後做出來的決策很可能更好，而且會得到同事的支持或至少不會反對。這樣的決定，實施起來當然就會比較容易。

主管否決了我的方法

我們來看看另一個例子，從部屬的觀點來看，類似的狀況又會如何。這可以說明，從上面突然丟下來的命令，將會造成什麼結果。

Q 問題：我是個大學生，目前正帶領一個由學生組成的委員會，我們的責任是設計並且研擬一門新課程。我花了很多時間思考如何應付這項任務的龐大工作量，而且必須遷就實際上的難題：其他成員也是學生，大家功課都很忙。最後，我想出一個方法，可以合理分配工作負荷，而不至於對我們任何一個同學影響太大。

最近，我們舉行了一次會議，我們的指導教授（相當於我們做這件專案的「經理」）

也出席了，我提出我的方法，然後分配工作。開會討論的時候，指導教授始終不發一言，直到最後，我問他有什麼意見。這時候，他才全盤否決我的想法，他講的話造成我們委員會全體成員情緒低落。我又不能不尊重他的反對意見，因爲他有幾個要點講得很有道理。

我現在沒什麼計畫可言了，因爲指導教授並沒有提出替代方案，整組同學也都垂頭喪氣。請問我到底做錯了什麼，現在又要如何收拾殘局呢？

葛洛夫：你做錯的事，就是沒有事先徵求指導教授對於這個主題的觀點。對於課程的規畫研擬，他的經驗顯然比你們豐富太多了。你應該在開會之前就要汲取這種經驗，而不是在開會的過程中，或是等到會議要結束的時候。從他在會議上的行爲來判斷，他似乎不習慣積極表達自己的觀點。我認爲你應該知道他的個性和傾向，也就更有理由提早主動去找他，先去試探他的想法。

想要收拾殘局，就從你自己的情緒開始。聽你的口氣，你好像認爲這是一次巨大的挫折，你被擊垮了，也覺得不知所措。但你要換個角度來看，問題出在你的方法，而不是你這個人。回頭去找你的指導教授，從長計議，花更多時間和他討論你們的計畫吧。徵詢他的想法，不只是指點你的建議有什麼錯誤，也要討論出幾個更好的方案。

然後，以積極正面的態度，再找委員會裡的同學討論新的想法。他們對這件事的反應很可能和你差不多。如果你把這個事件看成只是暫時的挫折，長遠下來還可能讓你們的計畫做出更好的結果，那麼他們也會以同樣的方式來看待。

「參與式管理」的真義

假如職場上的每個人都能稍微運用一點體諒與尊重，設身處地為他人著想，不曉得可以避免掉多少痛苦！目前有些管理方面的趨勢，包括參與式管理等概念，正朝著這個方向前進，但即使這種管理方式也往往把事情變得太複雜，讓大家很難理解。

Q

問題：我剛剛讀到一篇文章，談到「參與式管理」，以及這種方式對於中階主管造成的問題。顯然，這群人發現很難接受新的角色，也感覺卡在管理架構的低層與高層中間。請問有什麼方法可以避免這種困境呢？

葛洛夫：「參與式管理」只不過是個花俏的名詞，描述稱職的經理人最基本的行

爲：在做出會影響大家的決策之前，先徵詢大家的想法，並且和所有當事人商量。舉例來說，如果要安排一場夏日海灘野餐活動，你一定不會完全不問其他參加的人一些問題，像是：「我們應該帶什麼東西來吃？」「我們應該玩什麼遊戲？」所以說，在工作方面的決策，爲何不採用同樣的「參與」方式呢？

討論的過程不應帶來壓力。很多人誤以爲這種過程最後必須達成共識，但實際情況是，很難達到完全一致的意見，很多經理人因此就感覺不自在，也會有壓力。

事實上，「參與式管理」並不是指經理人不必表明立場或想法，而是要在考量每個人的意見之後，做出清楚明確的決策。做決策仍然是他工作的一部分。

我還是菜鳥主管的時候，如果要叫別人去做事，我就會感到很尷尬。事實上，我最早的部屬之一，就曾經把我拉進他的辦公室，輕聲告訴我，每次向他下達指令的時候，我不需要道歉！

如果每項決策都能獲得每個人的同意，而且每次都能達成共識，事情一定會好辦得多，大家也會比較愉快。但是，如果做不到，無論有沒有達成共識，經理人都必須做決定。否則，要是主辦者拿不定主意，大家在野餐活動中就要挨餓了。

英特爾剛成立的那幾年，我們面臨一個會影響整個公司生死存亡的重大決策。雖然做決策的人不是我，但我對這個主題很有意見。每次只要有機會討論，我就會一而再、再而三表達己見。在激烈討論一段時間以後，決策做出來，我的意見被推翻了。我感覺非常為難，因為我已經費盡心血，朝著跟大家不一樣的方向努力，此時此刻，我發現自己的處境相當尷尬。

思考了一天之後，我得出結論，雖然我仍然不同意我們主管做的決策，但我們只有一條路可以走，就是我要投入自己的全副精力，協助他的決策發揮成效。於是，我做了，事後看來，這樣進展得很好。

這裡有一個重要的原則：經理人做決策的時候，部屬的支持絕對不能少。沒有部屬支持的決策，絕對行不通。如果部屬也同意這個決策，相關人員就會更愉快。當然，主管應該投入適當的心力，說服部屬相信自己。但我們需要面對現實：即使是完全理智的人，對很多事情仍然會各持己見，看法不同，在工作上也是如此。然而，任何工作若要真正推動，一旦確定方針，大家就必須朝著同一個方向努力，跟著同一名鼓手的節拍行進。

所以說，工作上最棘手的例行公事是決策的過程，參與這個過程的時候，主管與部屬都需要牢記以下簡單的法則：

- 嘗試針對這個決策達成共識。
- 無論大家意見是否一致，所有人都必須全力支持最後的結果。

開會不能沒誠意

對於個人職權感到不安，有可能導致尷尬的處境。更糟的是，還可能造成經理人表現得沒有誠意。

問題：我知道讓部屬參與決策過程很好，可是，如果我已經確實知道自己想要達成什麼結果，那還值得花時間嗎？請問我應該逐步完成參與式決策的過程，還是應該只要告訴我們這組人，我的決策是什麼就行了？

葛洛夫：如果你眞的、確實地知道自己想要什麼結果，也不會有任何其他資訊或洞見可能改變你的想法，那麼，直接告訴你的團隊你想要什麼就行了。可是，如果你並非百分之百肯定，你就應該去找他們，跟他們說：「我認爲我們應該這樣這樣做，請問各位有什麼想法？」讓大家評論你提議的解決辦法。接下來的辯論，就可以考驗這種做法是否行得通。

無論狀況如何，你都不應該和大家玩猜謎遊戲，進行一場缺乏誠意的參與式決策過程。這就會破壞整個過程的健全，等到你下次眞的想要團隊參與的時候，成員理所當然就會質疑，你來找他們是不是認真的。

有些經理人會被看成獨裁專制，也有一些人卻是我們心目中果斷的領導人：堅守立場，散發著信心，也讓人們產生信心。我常常努力要找出獨裁者與果斷領導人之間的差別。這兩種人做的事情好像一樣，但實際上卻有差別。

我認為，這種差別主要存在於能不能拿捏得宜，或說是掌握時機。舉例來說，如果經理人縮短了從長計議的過程，只是告訴大家結果應該如何，大家就會把他視為獨裁者，也會反抗他。如果他等大家都表達了意見，也有了達成決策的心理準備，這時再來做決策，大家就會感覺他是有力的領導人，部屬也會願意聽從他。

當然，如果經理人錯失了做決策的時機，也任憑討論漫無方向拖延下去，部屬就會認為他優柔寡斷，或許，除了獨裁專制之外，這就是最糟的情形了。

我們再回去看野餐的例子，如果活動的主辦者一開始就宣布每個人要準備什麼午餐，幾乎就等於立即引發眾怒。如果他徵詢參加者有什麼偏好，稍微自己抓抓頭，想一想，然後說他會帶什麼來，也針對自己做不到的項目提出解釋，那麼，即使是無法達成心願的人也會接受，頂多只是聳聳肩而已。反過來說，如果他花太多時間，設法滿足每個人的口味，就會損失許多寶貴的野餐時間，每個人也會愈來愈不耐煩。

遇到緊急狀況，先急救再說

有時候，眼前的狀況需要快速行動，不得不跳過一般彼此尊重的常規。

問題：我在一家私人經營的小公司工作，最近，老闆把我們原來的主管革職了，另請一位新主管。這位新來的經理人根本還沒有搞清楚大家以前怎麼做事，就立即改變所有的營運政策。一個初來乍到的經理人，用這種「新官上任三把火」的方式來彰顯自己的權威，這樣做對嗎？還是他應該按部就班，用比較緩和的方式改革呢？

葛洛夫：一般而言，新進的經理人應該投入一些時間，稍微感覺一下這個地方的做事方式，哪些事情行得通、爲什麼行得通，還有哪些事情行不通、爲什麼行不通。即使他非常有把握，知道如何經營類似的企業，但是換了地方，以前的方法與態度不見得仍然可行。想要知道先前的方法有哪些可以引進，哪些不應該推行，關鍵就是學習、觀察及理解。

然而，還是可能有例外的情形。如果公司已經陷入嚴重的困境，例如急缺現金、周轉不靈，新來的主管可能就沒有時間深思熟慮，審愼處理了。如果他手上的狀況眞的很緊急，他必須就自己所知，運用最好的方法，先急救再說。碰到這樣的例子，激烈且立即的變動情有可原，事實上也需要採取非常手段。

還記得海灘野餐的例子嗎？如果你是第一個注意到大浪就要打進來的人，你對朋友大聲喊叫，毫不客氣命令他們收拾個人物品，趕快跑向高處，這樣做絕對沒有什麼不妥。顯然，在某些時候，如果還要尋求達成共識，可能會很掃興，甚至可能更糟。

第12章 消息愈壞愈要溝通

我有個朋友，在一家百貨公司工作。最近，店裡安裝了單面透明玻璃以及監視攝影機，防止有人順手牽羊。我知道我朋友是個一板一眼的老實人，他卻為了這件事非常不舒服。先前，沒有人對他或是同事說過會有這種改變，大家立刻以為這些小機器的設置是為了防止員工偷竊。

百貨公司的管理階層犯了一個常見的錯誤：沒有把事情的來龍去脈告訴員工。結果員工只好自己去想個解釋，而他們想出來的，往往比真實的狀況更糟糕。

這種事情在職場上常常發生。更麻煩的是，如果消息愈壞，管理階層就愈傾向於迴避這個問題，或是祕而不宣，卻沒想到壞消息才最需要解釋！

沒人告訴我們公司賣掉了

問題：我在一家本地企業工作，我們公司經過一年的談判，最近被賣掉了，我看到報紙才知道。現在大家都知道這件事，辦公室的工作情緒低到讓人受不了。公司的決策可能影響員工，難道員工不應該略知一二嗎？

A

葛洛夫：通常，我認爲公司應該盡可能告訴員工目前的狀況如何，包括公司的問題與機會。如果全體員工看待企業的現狀與觀點都很類似，才有可能朝著同一個方向努力，而這是企業成功不可或缺的要素。

然而，這不見得一定能做到。舉例來說，貴公司出售的談判協商持續一年。如果交易還沒敲定，主管們就討論這件事，買賣可能會破局。此外，要是講到公司要賣掉，可能會把你們的客戶嚇跑。如果是那樣，你今天可能連工作都保不住。因此，雖然我一般傾向於相信公司的狀況應該告訴全體員工，但我也可以理解貴公司的管理階層爲什麼沒有那樣做。

但是，既然公司賣掉已經成爲很多人知道的事實，這時候，你信上寫的工作情緒問題就必須處理。貴公司的主管應該把全體員工集合起來，把一切前因後果告訴大家，也要讓大家知道未來可能的走向。全體員工都需要努力，消除誤會與猜疑，才能同心協力繼續前進。

實話實說，才是尊重

問題：我是一家製造業小公司的老闆，有二十八名員工，大部分是熟手的藍領工人，很多加入了工會。我們的企業環境競爭愈來愈激烈，最近，我不得不縮減工資與獎金，也凍結了薪酬，明年不會加薪。

我非常擔心員工的士氣。請問你能不能給我幾個可以改善這種狀況、卻又不會增加成本的建議？

A

葛洛夫：無論你怎麼做，員工對於你採取的行動一定不會太高興。你可以努力爭取的最好狀況，就是讓他們理解你爲什麼要採取這些行動，也要讓他們願意接受並同意這是目前共體時艱的合理做法。

要做到這一點，你就必須確定他們完全理解公司目前的處境，就像你現在感受到的情形。把你知道的實情告訴他們，盡可能詳細。讓他們理解你所面臨的市場狀況，例如誰在搶什麼生意，你沒做成哪些生意與原因；以及公司的財務可能受到什麼影響，比如你賺或賠了多少錢；你的成本有哪些等等。然後，讓他們看看你採取的減薪行動會有什麼幫助。

這需要你下定決心，投入相當大的努力與時間。務必去做！你也會感覺心裡的煎熬，很想粉飾太平，讓狀況看起來好一點。務必抗拒那種心態。要不斷提醒自己，你談話的對象是認眞熱心的成年人，你要誠懇請求他們做相當大的犧牲。表現你對他們的尊重，就是要實話實說！

不要隱瞞壞消息

有共同的見識，結合在一起，才會對未來產生共同的展望，如此一來，才能讓大家齊心協力。這個原則很重要，但在情況最惡劣的時刻，一般人往往不願意這麼做。大家往往報喜不報憂，對於好消息，我們會侃侃而談，但如果是壞消息，就不願意讓別人知道。壞消息為什麼要祕而不宣，很容易找到理由：「不要告訴員工壞消息，造成他們士氣低落」……諸如此類的論點。

但是，現實往往不如人意且自有法則，其中一條就是「壞消息總是會傳出去」，而且通常是以最破壞士氣的方式爆發開來。

很久以前，由於必須處理技術專案取消的問題，我就學到了這一點。為數眾多的工程師和科學家，對於從事的專案十分投入。如果他們的專案被「砍死」，無論是因為狀況有變化、缺乏成果，或是因為資金用罄，他們就會感覺遭到背叛，也會忿忿不平。我發現，如果我花一點時間，跟因為專案取消而受到影響的技術人員坐下來懇談，並且向他們解釋原因，這樣就會有幫助。

這並不是說，他們一定會接受我的論點。他們通常不同意，也就是和我意見不同，而且會斬釘截鐵說出來。不過，一旦他們明白我是怎麼得出結論，背叛與憤怒的感覺就會慢慢消失。他們只會惋惜，嘆一口氣，就準備思考新的工作任務了。

所以說，規則就是：消息愈壞，就應該投入更多心力去傳達。

問題：我在一家電子公司工作，我們這一組的生產力由我的直屬主管負責考核，他一向讓我們相信我們表現良好。最近，我們公司的某位高階主管發了一份備忘錄並公布在我們的工作區域，嚴厲批評我們這一組的生產力低落，而且職業道德不佳。上面也拿我們和一家姊妹廠做比較，說他們表現比我們好。

我們大家的心情都很差。請問，這樣的比較公平嗎？上面的人跳過我們直屬主管，表達他對我們的不滿，這樣做對嗎？

葛洛夫：把你們這一組的績效和另一組的表現做比較，我看不出有什麼不對。畢竟，市場每天都要拿貴公司和競爭對手做比較。這種比較如果能夠做得客觀，並且有具體的資訊佐證，就會讓你們了解自己績效表現的實際概況，或許也能產生某種競爭的鬥志，讓你們表現得更好。

這一切都很好。然而，我完全不贊同這項資訊傳達給你們的方式。看起來，對於你們這組人的表現如何，這位高階主管和你們直屬主管的意見不同，他們兩人必須解決這種歧見。可是，這位高階經理人跳過你們主管，而且公開駁斥他，就會造成你們主管很難做事，同時又會對整組人員造成無謂的不愉快。此外，要把壞消息告訴各位，張貼備忘錄根本不是適當的做法！

我猜想，這裡大概有績效的問題，而這位直屬主管努力避免把壞消息告訴部屬。現在，這份備忘錄已經造成傷害，要花許多心力來癒合。可惜的是，這種心力本來可以用在更有建設性的地方，也就是改善團隊的績效表現上。

安全撐過壞消息的衝擊

處理對外事務，尤其是新聞報導的時候，也應該遵循同樣的基本原則，不要故意迴避或試圖隱瞞。新聞報導不妙的時候，你可能疑慮重重，不敢那麼做，但這也是最重要的時刻，絕對不能逃避。

問題：最近，我工作的機構成爲負面新聞報導的目標。請問有什麼辦法可以限制負面新聞的影響，不要再擴大下去？

A

葛洛夫：負面新聞的衝擊，會一波接一波襲來。浪頭打到的時候，你能做的其實不多，只能設法撐過去。到最後，無論引發一連串負面新聞報導的是什麼，都會慢慢過去，逐漸淡化消失。

不要試圖躲避新聞媒體。在這樣的時刻，讓他們可以找到你們，會比平常更重要。千萬要記住，你和新聞媒體談話的時候，是你在提供自己的版本，而不是讓別人來主宰報導。所以，好好運用這個機會，努力傳達你對於目前狀況的觀點，讓他們與你的看法一致。

員工愛私下討論薪水

有些事情屬於機密層級，經理人不應該任意談論，其中一項就是薪水。但是，即使不洩密，還是有很多事情可以討論。

問題：對於如何處理薪資方面的傳言，如果能夠給我一些建議，我會感激不盡。我是個主管，手下有十五個生產作業人員，他們常常喜歡討論彼此賺多少錢。結果呢，聽到張三可能賺多少錢之後，有些員工就會來找我，表達他們的失望。有時候他們說對了，有時候他們搞錯了。

請問我要如何杜絕這種流言呢？一旦有人開始說長道短，我又要如何處理？

A

葛洛夫：你永遠阻擋不了任何傳聞，也不可能防止員工彼此談論金錢的事。你只能控制一張嘴巴，就是你自己的。不要——千萬不要——和員工討論另一個人賺多少錢；如果部屬說得正確，你不要證實，如果他說錯了，你也不要修正他。員工的薪水是他自己的事，也是雇主的事。就是這樣，不關其他人的事。

然而，務必盡量花一點時間，和每個部屬討論他自己賺多少錢，他們加薪的金額與原因，還有對應職級的薪資標準，以及他們可能達到的職級範圍，這才是他們的事。他們得到的資訊愈多，流言亂傳造成的影響也就愈小。

「遠距管理」也是妙方

為了達到良好溝通，你必須克服各種障礙。我們剛剛處理的是最難的一項：因為消息太壞或是主題尷尬而不願意溝通。但其實還有很多其他的障礙，例如部屬在遠地工作時，經理人所要面對的困難。

Q

問題：我管理四個部屬，在美國的不同地區工作。其中一位比較資深，但是其他幾位進入公司都還不到十個月，而且，因爲差旅與預算的限制，他們還不曾來到總公司受訓。

請問我應該如何訓練、管理這幾名部屬，並且將公司的企業文化灌輸給他們？

葛洛夫：即使沒有預算限制的妨礙，但四個人派駐在不同地區，就意謂著你必須調

整你的管理方法。如果不能面對面開會，就使用電話。我建議你安排時間，定期舉行電話或視訊等會議，每星期至少一次，和他們每個人開會。

你可以收集各式各樣關於公司及產品的書面資料，如簡介小冊與文章等，寄給每一名新進員工，並附上關於他們工作內容與方法的重要政策與作業程序。每星期指派幾個章節，要他們好好研習，然後在定期會議當中討論，特別是如何應用在日常工作上。

除了一對一的討論之外，還要定期舉行多方（電話或視訊）會談，請你們小組的成員輪流報告自己的經驗，這有助於同事之間彼此學習。此外，請每個部屬寫一份週報給你，總結自己的研習與活動，並鼓勵他們需要協助時就來問你。

這種「遠距管理」剛開始可能會怪怪的，但如果你和團隊能夠始終如一，而且很有紀律繼續做下去，就可以有效達到你的要求。

有些公司（像是英特爾）的辦事處與工廠分散在許多不同的地點，如果你在這樣的公司工作，以電話或其他通訊方式為主的溝通習慣就會成為第二天性。舉例來說，我就發現自己常常透過電話定期一對一開會，也參與大規模的簡報，這種大型簡報因為幾個團隊的員工分散在不同的地點，只能透過電話連線來開會。有些奇怪的習慣，確實是改不掉，例如對著擴音器做手勢。但這種電話會議的方法顯然勝過必須花好幾個小時在路上，只為了參加一場會議。

用聽衆的語言說話

然而，務必牢記一個最重要的原則：決定我們溝通能力的關鍵，並不是我們說得多好，而是聽眾理解多少。假如忘了這個原則，一切溝通的努力都是徒然。我們對聽眾必須有個準確的判斷，要了解他們的背景、情緒，以及專注程度。雖然我們無法改變任何一項因素，但是，身為溝通者，我們可以也必須因應狀況，適當修改我們要傳達的內容。

幾年前，我去某個地方演講。從幾位主辦人員給我的印象，我以為聽眾程度很高，而且知識豐富，於是準備了一份既複雜又高深的演講內容。我講了十分鐘之後，台下聽眾茫然地盯著我看，我感覺不太對勁。我停下來，問聽眾能不能聽懂我說的話。經過一陣猶豫，有幾個人開始搖頭——不懂。我再問幾個問題，總算確定了聽眾真正的背景，根本不是原先我誤以為的專業人士。

於是，我把準備好的講稿收起來，針對要我演講的指定主題，開始一場非正式的入門討論，我盡量用日常用語解釋基本原理。這樣，聽眾就懂了；那天晚上，我的演講最後還是成功了，雖然事先準備的東西大多沒派上用場。

問題：我幫一位企管顧問工作，他要我根據他準備好的資料對客戶演講。後來，他

批評我使用外行人的用語，說那些用語不適用於商業場合。請問你同意他說的話嗎？

葛洛夫：完全不同意！在我看來，使用複雜難懂的用語，可能是兩種毛病的症狀。一是這個人希望提高自己在聽眾心目中的地位，讓自己的語氣聽起來比原本的更有見識，也更加精通此道；二是他太懶惰了，不願意努力減少對外行人根本沒有意義的專業術語。

這兩個理由都不對。無論是誰，對於某個特定領域的知識愈是豐富，就更應該能夠使用聽眾的語言來解釋自己的想法。如果專家能以簡單易懂的方式表達自己，我會把這看成是表現他的知識深度與自信的指標。所以說，你要堅持自己的立場，繼續努力讓客戶理解你說的話。

適時表達意見更有價值

Q

問題：基本上，我是個害羞靦腆的人，開會時很難暢所欲言，等到我鼓足勇氣要發表意見的時候，大家早就在討論下一個主題了。我的工作做得很好，成果也很豐碩，但都是自己靜靜地做事，在這些會議以外的地方做事。我覺得因爲自己個性靦腆，更上一層樓的機會可能會受限。你認爲眞的會那樣嗎？請問有沒有什麼我可以改變的地方？

A 葛洛夫：即使你工作做得很好，但你形容的靦腆，卻會使得你的部屬、同事以及主管（因此也就代表你的公司）失去某種有價值的東西。即使躲在幕後工作，勤奮又有效率，也無法取代適時表達意見，在大家考慮與辯論的時候，當場針對問題貢獻自己的想法。提出意見的適當時機，就是每個人的注意力都集中在這個主題的時候。

你不可能改變個性，但你可以強迫自己參與集體的討論。提醒自己，你的意見如果適時提出就會更有價值。努力訓練自己在開會的時候能夠發言，或許一開始，聽到別人提出你贊同的說法，你可以加以附和。慢慢訓練說話，即使你的意見一開始不像你希望的那麼高明，還是要繼續講下去。我認爲，你總有一天可以掌握竅門。

辦公室裡最好只講一種語言

本章一開始，我就指出，有共同的見識，大家才會齊心協力。那麼，本章最後再換個方式來強調這個重點。

問題：我是剛到美國的新移民，在一家中型電子公司工作，我們有個政策，在公司不准使用外語。那樣對嗎？

葛洛夫：這個政策很好。假如要把公司的人分成小派系，最迅速有效的莫過於使用別人不懂的語言，而這樣的派系分裂只會損害公司的生產力。在美國，唯一的共同語言是英語。所以，在公司講英語，當然極為重要。

Q

問題：我在一家華人企業工作，員工大多數都是華人，而且除了對我或對客戶說話之外，他們通常都是講華語。當初接受這份工作的時候，我沒想到這種情況有多麼令人洩氣。

更糟的是，因爲語言的隔閡，我非常孤立，很難理解公司的政策，或是公司對於某些事情的態度。舉例來說，有個同事和客戶應對的方式在我看來非常不專業，然而，我卻不曉得我們主任是否允許這樣的行爲。我想要離職，卻又覺得這樣做有點太懦弱了。請問你有什麼建議嗎？

葛洛夫：你的狀況聽起來很糟糕。被自己不懂的語言包圍，就喪失了日常的互動與交流，不過這就是上班的好處，也是個人發展必需的一環。無論如何，你必須設法改變現狀。

你的同事和主管可能根本不會想到，他們使用母語對你有什麼影響。我建議你，先找你們老闆坐下來談，向他解釋這個情形，就像你來信中寫的那樣。討論的重點要放在這種情況對你有什麼影響，以及如何造成你和主管與同事的隔閡。

我必須承認，我不曉得你們老闆有沒有決心，願意徹底改變使用母語這種根深蒂固的老習慣，但你必須試一試，這樣你日後才不會後悔，自己怎麼沒有試圖改變，就逃避這種狀況。

設定一個期限，例如兩、三個星期，看看情形有沒有變化。到時候若還是沒有任何變化，那就趕快另外找工作。你自己職業生涯的發展，已經在危急關頭了。

R

讀者回應：先前有個公司同事大多講華語的讀者來信，讀到你的答覆，我真的很不以爲然。爲什麼建議整個公司改變，只爲了滿足他個人的需求呢？難道他完全不能花點心力學習華語嗎？在我看來，員工應該會樂意遷就老闆，尤其他又屬於少數，至少他的例子是如此。難道說，我們美國人總是非得堅持我們的語言才是唯一「對」的語言嗎？

葛洛夫：我本身是移民，對於這個問題感覺特別強烈。美國這個國家之所以強大，是因為民族多樣性，人們從世界上的各個角落來到這裡，這些人都願意學習如何共同生活與工作，共同組成一個國家。這就意謂著我們必須有一種語言，而這剛好是英語。需要調適的當然是新移民，甚至這是新移民的義務之一。

除了各種相關原則之外，再想想你的建議是否符合實際。你會不會認為，員工每次換工作，就應該學習一種新的語言呢？順便提一下，先前那位讀者又再寫信給我，她放棄了，決定換個工作。這解決了她的問題，但接她工作的人也會面臨同樣的困境。

第13章 時間永遠不夠用

就工作而言，最讓我們驚慌的事，莫過於感覺時間不夠，做不完我們認為必須做的事情。隨著驚慌的感覺緊緊抓住我們，我們就會開始手忙腳亂，就像在時間管理方面得了「換氣過度」的毛病，結果喘得上氣不接下氣。這麼一來，我們對於手上的工作，只會做得愈來愈糟糕。

問題：我經營一家小企業。我發現，無論我工作幾個小時，一天下來，還是做不完所有要做的事。請問有沒有什麼建議？

問題：我管理一個部門，工作增加的速度太快，人員根本來不及遞補。我們必須全體動員，拚命努力，只爲了趕著出貨。結果，我們大多數的人多半花時間在救火，沒有時間好好規畫，最後達到的成果也因此大打折扣。

增加新人來分擔工作，似乎不太可能。請問我們應該怎麼做，才能改善這種狀況？

A

葛洛夫：兩位的問題其實很常見。我們好像總是有更多的工作要做，人力卻永遠不夠。然後，我們的因應之道（也是常見的模式）就是試著什麼該做的事都去做，且或多或少同時一起進行。結果是：即使我們更努力，進度還是愈來愈落後。接下來，我們開始抄捷徑，想要加快腳步，但我們的工作品質就慢慢變糟。於是，我們發現很多事情必須重做一次，最後的結果是，工作負荷反而愈滾愈重。到了這個地步，爲了避免造成更大的問題，我們爭取到增加人手的許可，但顯然也沒有時間好好面試求職者，或是聘用之後訓練新進的人員。於是，狀況就愈來愈糟……

想要打破這種自我毀滅的連鎖反應，就必須先評估自己的能力可以做多少，也要克服想做更多的各種誘惑以及壓力。把你必須做的事，按照重要性排列先後順序，然後從最上面一項開始做。第一件案子完成時，就全盤檢討剩下的案子，重新安排順序，因爲不同的時空環境下，你對優先順序的看法可能會改變，然後再著手去做當下首要之務。

每一次都重新按照計畫的輕重緩急，排出優先順序，並且全心全力做首要之務。這需要自律和勇氣，但確實沒有別的辦法了。

以搭公車爲例，你一次讓三個乘客擠進門，也不可能加快乘客上車的速度。同理，試圖做更多工作，卻超出自己與部屬工作能力的負荷，可能反而成效不彰。

雖然選擇性的取捨是必要的技巧，但我也承認，教人家做，比自己做要容易多了。每一次，只要出差時間比較長，我就會再次被提醒：出發的時間，就是我在辦公室所有活動的截止期限，因為，不論我有沒有把每一件需要做的事都做完，飛機都是準時起飛的。這種沒得商量的期限，加上出差期間的待辦事項，本來是在上班期間可以做的，現在卻需要事先處理，這麼一來，又增加許多額外的壓力。

這時候，我就會執行起「選擇取捨法」，並發揮到極致。通常從在辦公室的最後一天算起，倒數差不多一個星期前，我的腎上腺素就會開始大量分泌。我會因為生存的強烈欲望而變得冷酷無情，狠下心來檢討自己的工作負荷。我會依據某種不成文但非常嚴格的準則，只參與絕對必要的會議、討論主題、外出拜訪，或是接見訪客；其他的一切，我都堅持交給別人。在這種非常時期，把我需要花時間的事情延後，也是行不通的，因為經驗告訴我，回來之後又是一段忙得不可開交的混亂時期。

我的大原則就是，不要捲入自己無法完成的工作之中，至於其他事情也要盡量安排好，比如把工作轉給其他人，或是乾脆推掉。如果成功了，我就會筋疲力竭地搭上飛機，但至少沒有任何事情拖著尾巴。

如果太多事情需要我們花時間，就會造成驚慌混亂。避免這種驚慌混亂的唯一出路，就是有所取捨，也就是下定決心，選擇我們試圖完成的事，以及不會去做的事。

因此，對於下一位讀者的問題，除了上述的基本原則，我也沒有解決的萬靈丹。

新手更需要排出優先順序

Q

問題：最近，我調到一個新職位，感覺快要虛脫了，因爲一切都還不熟悉，所以我事情處理得不夠快，導致桌上堆滿待處理的文書。有些部屬需要我的關注，我卻很難照顧到。我經常忘東忘西，但我做前一個職務時並不曾發生這種狀況。我知道的每一種時間管理方法都試過了，但似乎沒有任何效果。我覺得自己好像很失敗，請問有什麼辦法可以再次掌握自己的工作？

葛洛夫：首先，不要太苛求自己。剛開始新工作的時候，每件事難免都需要比較久的時間上手，因爲你對各項作業程序以及來龍去脈都還不熟悉，會覺得自己好像變得愈來愈慢也愈來愈笨。但時間有助於解決這個問題，工作做久了，自然就會上手。

在這時候，你要比以前更有條有理，一絲不苟。千萬別讓文書堆滿桌面，而且要撥出時間與心力給你的新部屬。在安排時間方面，務必加倍嚴格，「一日之計在於晨」，每天一開始，就要先規畫一天的活動、爲自己設定事情的優先順序、訂出會待在辦公桌上的時間，而且，最重要的是，把每件事都寫下來，免得有什麼遺漏。

容我特別提醒你，還要注意這種狀況最常見的陷阱。隨著以上的措施帶來的一些改善，你也漸漸可以掌控你的文書工作、你的資訊，還有你的時間之後，你可能會鬆懈下來，對於時間管理的做法又會變得比較不嚴格。千萬要抗拒這種誘惑，否則，你一定會一再經歷這種可怕的時期。方法其實很簡單，但要貫徹執行才能帶來驚人效果。

安排定期會談

想要改善個人對時間的運用，我只知道兩個基本方法：其一是加強取捨，正如我們先前討論的；其二是日常工作要盡可能有規律。從你需要完成的事情當中，找出某種基本模式。把類似的活動放在一起，不要跳來跳去。舉例來說，把所有該打的電話集中起來，然後坐下來，一個一個打。假如沒有找到人，就預留一段時間空檔，請對方在這段時間回電。

遺憾的是，想要把時間安排規律化並維持下去，就需要多一點那種難以捉摸的「自律」。兩種形式都嘗試過之後，我總是寧願選擇自律，也不願忙得喘不過氣。

Q

問題：剛當上主管時，我就決定採取「門戶開放」政策。幾年來一直持續這樣做，部屬也似乎很喜歡。只有一個問題：我的文書工作堆積如山。請問你有什麼建議嗎？

葛洛夫：你的門戶開放政策其實很好，不只是因爲部屬喜歡，也因爲這是在表明：處理他們請你注意的問題，是你的工作相當重要的一部分。

至於你的問題，訣竅就是，你和部屬的互動要盡量安排到固定時段中，這樣才可以把其餘時間用來處理其他事情，例如你的文書工作。

對於那些常常突然闖進來找你討論事情的人，更要安排固定時段和他們開會。雖然這些會議也不能完全排除闖入事件，但確實有助於減少干擾。如果部屬知道下星期二早上十點要和你開會，有什麼問題也會等到那時候再向你提出來。

還有一個方法，就是安排「開放時間」。只要在你的門上掛個牌子，上面寫著：「我正在忙自己的工作。除非事情真的十萬火急，否則請下午兩點以後再來找我。」然後，下午兩點一到，你就把門打開，任何想要見你的人都可以進來。

隨時找到人的形式發揮到極致，就是採用「開放空間辦公室」的工作環境：個人的工作區域只有低矮的板子隔開，站起來就可以看到對方。這種配置方式根本沒有門，別人甚至可以在隔板的另一邊和你講話，但一般人認為這種方式不太好。

採用這種配置方式，部屬有問題很容易可以找到你。不要把這看成是一種負擔，要看成是提早得知問題的機會，反正無論如何，你遲早要處理這些問題。

舉個例子：有一次，我在辦公室站起來，從隔板上方望過去，注意到有個海外分公司出差到總公司的員工，在我辦公室附近徘徊。我隱約感覺到他想要找我談，所以就向他打招呼。他急忙走了過來，談了幾分鐘之後，他開始告訴我，他們分公司有個嚴重的問題逐漸浮現出來，但他覺得總公司不夠認真看待。他的警告讓我有機會提早著手處理這個狀況，或許提早了幾個月，也因此避免問題愈演愈烈。這次簡短的干擾，為我們公司避免掉許多麻煩，也為我節省了大量時間！

會議之間要排空檔

除了干擾之外，一般認為開會是工作上最耗費時間的事。

問題：我在市政府擔任部門主管。我的問題是，我的行程塞滿了必須參加的會議。開完一個會，又是另一個會，一整天下來，常常忘記別人要我做的事。等到發現自己漏掉什麼事，我就非常緊張，甚至沒辦法注意大家在說什麼，導致我的問題更加嚴重。請問我要如何打破這種惡性循環呢？

葛洛夫：行事曆千萬不要排得太滿，務必留幾個空檔，讓你可以喘口氣！空檔可能非常短，但每次開會之後都應該留一點時間，絕對不能省略。你可以回去坐在自己的位子上，或是在會議室角落，花幾分鐘時間回想剛才結束的會議。拿一張紙，概略寫下開會結果需要你去做的事，像需要打電話給誰，或是你必須給某人提供什麼資訊等。以清楚而完整的句子寫下這些待辦事項，如此一來，即使經過另一場會議，使你的注意力轉移到別的地方，你還是能夠看懂自己的筆記。

這種做法或許不能爲你多「變」出一些時間（只有擺脫一部分「義務參加」的會議

才能做到），但至少有助於維持你的神智清醒與工作成效。

訓練祕書成爲好幫手

運氣夠好，有祕書協助的經理人，在對抗時間方面占有優勢。祕書不僅可以協助經理人處理某些工作，也能協助他維持自律，不至於慌張忙亂。但是，要讓祕書做到這一點，經理人必須做很多輔導與訓練。而當中令人為難的問題來了：一開始的時候，還是要花費許多時間。

Q

問題：公司剛剛派給我一個祕書，因爲我以前從沒用過祕書，我希望從適當的方式開始。請問我要如何訓練祕書，才能給我最大的助力呢？

A

葛洛夫：投資你最寶貴的資源，也就是你的時間，在有系統地訓練你的祕書上。訓練的重點要特別針對你的工作內容，如果祕書理解你做事的內容與理由，才會採用與你一致的做事方式，有如你親自處理那樣。

列出你在辦公室的例行工作，例如安排會議或是處理打來找你的電話，逐步詳細講解這些事項。請祕書記下你已經講過的內容，以便日後參考。安排祕書與你經常聯絡的人見面，談個十五分鐘，與會者不要有迫切的待辦事項，這樣就會建立良好的基礎，日後處理事情會更有效率。

不要以為只是熟悉基本工作就可以停止訓練。安排每星期一次和祕書一對一開會，花半個小時檢討過去一週的事項，並規畫未來一週的事項。這類會議有助於調整祕書對於工作的了解，也能讓祕書對你的幫助愈來愈多。把時間投資在祕書身上，可能是你做的最佳投資。日後節省下來的時間，就會連本帶利還給你。

部屬出現過勞跡象

關心自己時間管理問題的同時，也要留意你的部屬。你可以協助他們的主要方法之一，就是指導部屬解決他們的時間管理問題。在應付職場工作壓力方面，你很可能更有經驗，所以不妨分享你學到的心得。身為主管，你也掌控了員工的工作負荷，讓你有其他方法可以協助部屬不被壓力擊垮。

問題：我有個問題，我猜想這是很多經理人求之不得的事。我有個部屬，工作太賣力了，我的意思是，實在做得太辛苦了。她堅持事必躬親，不願意把事情交給別人。

她堅持的觀念是「想把事情做對」。她的工作做得很好，這一點我不否認，但是她一天待在辦公室十四到十六小時，過勞的跡象也開始出現了。她變得緊張兮兮，暴躁易怒，我很擔心她影響到辦公室的工作氣氛。我也開始擔心她的健康，叫她下班回家也講不聽。請問我要如何協助她放慢腳步，而不要影響她的情緒或熱誠呢？

A

葛洛夫：你的關心是對的。你信上描述的這個人，大概已經陷入長期的惡性循環。如果不理她，她有可能害了自己，也會減少她對公司的貢獻。所以，你幫助她不只是好心，對公司也有好處。

一開始，你可以先找她談，以某種理性、客觀的方式敘述你的觀察心得。努力說服她必須放慢腳步，也要把一部分工作交給別人做。她或許會爭論，這些事情她都必須自己來，因爲沒有別人做得來。你要提醒她，萬一她病倒了，到最後什麼事都做不完。

提議減輕她的工作負荷，討論幾個分配工作的方法。我猜她大概不會喜歡那些辦法，但可以給她一些推力，強迫她精簡自己的工作，把一天的工作調整到合理的時數。如果這樣還是不行，你就要堅持到底，親自動手減輕她的工作量。

別忘了，有些罹患「被害妄想症」的偏執狂，可能眞的受到迫害；同樣的道理，有些工作狂也可能是工作負擔太沉重了。如果眞是那樣，你就有責任去改正這個狀況。

健忘讓我耽誤工作

有個著名的登山家說過，登山家征服的不是山，而是征服自己。掌控個人的時間也一樣：儘管世界上有那麼多有用的建議，但管理你的時間，基本上就是管理你自己。而且，我們每個人都有不同的長處與短處，了解自己的優缺點是什麼，就是能夠征服我們自己「時間山岳」的第一步。

Q

問題：我有個問題，尷尬得幾乎難以啓齒：我常常忘東忘西。我去開會，對於分派給我的任務，我完全有意願去進行，但隨後有別的事情分心，該辦的任務就忘了，等到我想起來的時候，已經太遲了。我的健忘已經對我造成嚴重的問題，也影響了主管與同事，而且，除非我找到解決辦法，否則也將影響我未來的績效表現。

我試過各種方法，像是帶筆記本，以及在身邊放一些用來提醒自己的字條，但實在沒有效果，因爲我常常找不到，需要的時候往往不在手邊。此外，我有很多點子，都是在實驗室附近走動的時候突然想到的，而且當時一定沒帶著用來提醒自己的筆記本。請問你有任何建議嗎？

葛洛夫：最簡單的解決辦法往往就是最好的。每次你有需要的時候，就給自己寫個三言兩語的條子，你可以寫在手邊拿得到的任何東西上，隨便一張紙，甚至撕下報紙的一角都可以。等回到自己的辦公室，立刻取出這些紙條，再寫一份更容易理解的完整筆記，用來提醒自己，而且要寫在一直放在辦公室的筆記本上。每天要查閱幾次筆記本，畫掉已經完成的工作事項。

這個方法最關鍵的地方是，這個筆記本應該要放在辦公室固定的地方，不要隨身帶著到處跑。經常把簡短的字條抄進筆記本，這種做法養成習慣後會有兩個好處：你會常常查閱自己的筆記本，而且，把事情寫下兩次的做法，也會加深記憶。

想到就做，才不會一直拖下去

問題：請原諒我用這麼草率的方式寫信，但我很擔心現在不寫，就不曉得會拖到什

麼時候了。所以，我剛剛讀完你的專欄，就迫不及待在咖啡館寫信給你。

我是一個受過良好教育、還算聰明的人，工作眞的很努力。我的問題是，每次有任務分派給我，或是我想到什麼點子的時候，我當下總是決定以後再採取行動。不曉得怎麼回事，我會告訴自己，現在還有更重要的事要做，於是總會拖到最後一刻才行動。然後，等我終於去做那件事的時候，我發現事情其實很容易，通常也花不了多少時間。

最後，我總是對自己說：「我很久以前就應該做這件事的……」請問有什麼辦法可以改掉這個壞習慣？

A 葛洛夫：就像你當場做的那樣，在任務分派給你之後，或是你突然有什麼構想的時候，馬上就動手做些什麼。即使準備不夠，也要立刻採取某種行動。

這種即知即行的做法，也許可以破解拖延的魔咒。可能日後你必須調整已做好的部分，但只要動起來了，之後要回頭繼續進行，也會覺得比較容易做到。

第14章 人求事，事求人

公司與未來員工面談、彼此評估，然後做出選擇的過程，就像是一場企業配對的遊戲，一般來說，這並不是件非常有效率的事。比起尋找戀愛伴侶是稍微有系統一點，卻又遠遠不如為人找房子的房地產業那麼有條理。

原因之一是，求職的人與求才的公司，對於自己想要尋找的目標，並沒有非常清楚的圖像。雖然，求職者的履歷一定有一段描述自己想要的職缺，而公司對於理想的應徵者也有腹案，但實際上，各自心目中的理想職位或應徵者應該是什麼模樣，雙方都無法真正以言詞表達。

我有個朋友想要在產業界找工作，問我有什麼建議。她是很有教養的女性，本來是老師，後來想到產業界工作。對於產業界有哪些類型的工作，我還算很有概念，我問她：「這個怎麼樣……那個怎麼樣？」但我們談不出什麼名堂來，因為我提到的各種職務，對她來說都沒有任何意義。

最後，她看到徵求「庫存控管組長」的廣告，就去應徵了。她對於這個職位其實沒什麼概念，而且她相當擔憂，因為徵人廣告列了幾個語焉不詳而且看來好像很複雜的條件。對於考慮讓學校老師來擔任這個職務，面試她的主管也覺得怪怪的。所以，面試一開始氣氛相當尷尬，應徵者與面試主管雙方都只能摸索前進。但是慢慢地，他們找出某種共通的表達方式，也開始認識彼此。我朋友通過面試，得到了那份工作，而且，經過一段時間的訓練之後，表現得相當好。

這個過程的困難之一就是，未來可能的雇主與員工花在相互了解的時間極為有限。只憑著一兩次簡短的面試，要如何做出真正明智的選擇呢？

要向推薦人查證

問題：我的問題是，應該要看哪些方面才能判斷求職者是否適任？有些和我同級的經理人，已經找到幾個優秀的人才擔任他們部門的職務。遺憾的是，我卻雇用了幾個不理想的人，而且我實在不想再犯同樣的錯誤。

請問在面試求職者時，有沒有哪些一定要問的基本問題，可以協助我做更理想的判斷呢？

葛洛夫：別想要尋找神奇萬能的解決辦法。選擇應徵者是經理人工作項目中最模糊、也最困難的事情之一。你要將甄選人才的重點集中在兩方面：應徵者績效表現的紀錄，以及你能夠跟對方進行有效的溝通。

應該把面試本身看成是甄選過程的一小部分，因此還要向推薦人查證，針對應徵者過去的績效表現，給予獨立客觀的評價作爲參考：應徵者以前的職務是做什麼的？做得好不好？但是，要從推薦人那邊得到這項資訊，你就必須提出相關且貼切的問題。面試的目的之一，就是拿到足夠的背景資訊來做到這一點。

運用發問的技巧，了解應徵者從事以前職務的時候，到底做了些什麼。請他敘述以前的工作內容，就你能理解的程度多講一些細節。請他詳細說明自己喜歡什麼、不喜歡什麼，還有他認爲自己最大的成就是什麼，最大的失敗又是什麼。總之，就是讓應徵者談談以前的工作。

此外，利用面試的機會，可以看看應徵者理解你的程度，以及他如何回應你的問題，從而判斷你跟他的溝通夠不夠好。例如，應徵者回答問題的時候，是只提供表面膚淺的答案呢？或是詳細得讓你受不了？

這需要花很多時間。事實上，面試應徵者不應該只安排一次，而是好幾次，而且還要請你的主管與同事加入，確認你的評估是否正確。這一切實在沒有捷徑，徵人的任務非常困難，而且用錯人的後果相當嚴重。

還有最糟糕的是，即使你做了功課，而且做得很徹底，還是不能保證結果。我想起一個痛苦的例子。為了一個非常重要的職務，我費盡千辛萬苦，特別下了一番工夫找到適當的人選。我做了前文建議的每一點，絕對每一點都做到了。我做了兩次時間很長而且徹底周密的面試，應徵者給我的印象非常好，我再看到他過去的紀錄，而且最重要的是向以前與他共事過的幾個人打聽得來的評語，都進一步加強了原本已經很好的印象。

我們錄用了這個人，他卻一開始就令人失望。過了一段時間，我再也不想找藉口，我承認自己犯了嚴重的錯誤，只好一刀兩斷。這並不是我第一次犯這種錯誤，事後看來，也不是我的最後一次。後來，我碰到這個人的其中一位推薦人，向他說起這件事的結局，他說他其實並不意外。我問他原因，他告訴我，我和這個人之間的問題，就像他幾年前碰到的一樣。我心裡混雜了挫折與憤怒的情緒，問他：「你當時為什麼沒告訴我呢？」他回答，「我不想擋他的路。我以為在我炒他魷魚的時候，他就該學到教訓了。」

面試時不要僞裝自己

面試時，應徵者與面試主管就像上架陳列的商品，往往會以吸引對方為目標來呈現自己。為了協助對方確實注意到你的優點，倒是沒問題。但假裝出一些不真實的特性，根本沒什麼用處。僞裝出來的良好印象，不太可能持續下去。

問題：對於大學剛畢業的社會新鮮人且可能被聘爲未來員工的應徵者，你覺得雇主會把哪些技能或資格看得很重要呢？

葛洛夫：我們會找尋熱切想要做點什麼事來貢獻所學的年輕人，無論他學的是哪個領域。我們會找在校期間就喜歡做事、也有所產出的人，因爲他們很可能在職場上也會有同樣的生產力。我們會尋找幹勁十足、心胸開闊、願意學習的人，因爲你一旦開始工作，就會有很多東西要學。但是，無論企業主管尋找的是什麼樣的人，你在面試時一定要呈現眞實的自己。要是試圖假裝就會有不良後果。你可能還是不會被錄取，或者，你被錄取了，但找到的是根本不適合自己的工作。然後，你可能會很不快樂，而不快樂的員工通常不會成功。

面試主管問了不該問的問題

在今天的美國，面試主管受到各種法律的規範，有些問題是不能在面試時提出的，例如求職者的年齡與婚姻狀況。不令人意外的是，不見得所有面試主管都能嚴格遵守這些規範，因此有些問題值得應徵者注意。

問題：去應徵的時候，如果面試主管問了一些不合法的問題，像是「你結婚了嗎？」或「你打算生幾個孩子？」。這時候，我應該怎麼做呢？

如果我不回答這些問題，就得不到工作，可是，如果回答問題，就等於是認可面試主管的行爲。

A

葛洛夫：別忘了，大多數的面試主管或許沒有察覺到有些問題帶有歧視意味，即使他們受過法律方面的訓練，還是很容易忘記。碰到這種問題的時候，第一次，你可以回答，然後溫和地加一句話，像是「我以爲法律不允許再問這類問題了呢」。你甚至可以採取問句形式的措辭：「法律不是禁止詢問關於婚姻狀況的問題了嗎？」我猜想，大多數的面試主管聽到這種提醒，就會想起法律的規定，之後就會更加小心謹慎。記住，只要你不顯示惡意，就可以避免對方產生不快的情緒或敵意。

移民求職通常要屈就

或許美國是世界上對移民態度最開放的社會，但即便如此，在另一個國家辛苦取得的證書，帶到美國卻不見得有用。如果求才的公司不熟悉應徵者原來國家的教育體制或商業慣例，很可能會把在那裡獲得的學經歷打個折扣。

如果移民還有其他障礙，情況就更加不利了。需要相當程度的堅持不懈，以及妥協的意願，才可能克服這類障礙。

Q 問題：二十一歲的時候，我已經是香港一家大型電子公司最年輕的採購主管。到了二十七歲，我被看成是當地非常成功的商業人才。於是我前來美國，預期得到更大的事業成就。

可是六個月過去了，我卻連個面試的機會也沒有。我原本只想應徵高收入的職位，現在退而求其次，也去應徵收入不怎麼樣的工作。我實在想不通，到底自己是因爲年齡或是國籍而受到歧視，還是因爲自己沒有學位而被認爲缺乏工作技能。

我寄了履歷表給無數公司，卻只得到「謝謝，再聯絡」之類的回覆。請問我到底應該再堅持下去，還是收拾行李，打包回家呢？

葛洛夫：你面臨的是所有移民都很常見的問題。要把個人的資格與經驗帶到另一個國家，而且讓人照單全收，一點也不容易。因爲我們都不自覺會使用某種熟悉的心態，來評估別人的成就。移民到了新的國家，大家不曉得他們之前就讀的學校與就職的公司，移民就會面臨特別的困難。雖然這可能對移民不公平，但在外國取得的成就，的確會被打折扣。

如果你想在美國立足與立業，就要接受這一點，並且降低原有的期望。一開始，先找一個你明顯資格過高的職位。那麼，即使別人不清楚或很難評估你在家鄉的經驗，你的雇主也不會覺得用你要冒很大的風險。如果你眞的像自己說的那樣好，你的貢獻就會受到認可，也會很快獲得升遷的機會。

Q

問題：我是越南人，而且身體殘障，因爲我在戰爭時斷了一條腿。九個月前，我畢業了，拿到電機工程學位。我有志從事電子業的工作，卻一直找不到工作，我感覺非常挫折，不曉得是不是因爲我是外國人而受到歧視。請問我應該怎麼辦？

葛洛夫：移民找工作時的確有特別的難處，但我認為，身體上的缺陷也為你帶來更沉重的不利條件。求職的畢業生那麼多，雇主很容易就會挑選別的應徵者。但無論這是歧視或其他原因，關係其實都不大。事實是，你所面臨的困難，多過其他初出社會的求職者。

試著去找其他身體有殘障但成功找到工作的人，他們可以提供一些你非常需要的支持。也有可能你必須退而求其次，接受低於你資格條件的工作，讓你看起來像是「買到賺到」（請原諒這種說法）。如果狀況理想，你應該不必這麼屈就，但在現實中，要起步可能需要如此。

一旦進了門，你就可以讓大家根據你做的事來評價，而不是只看你這個人，我相信，無論是身體殘障或是在外國出生，都不會阻擋你的晉升。

不要低估當主婦的經驗

還有一大群求職者雖然一輩子都待在國內，也面臨了類似移民的困難，這些就是離開職場幾年之後，試圖重返職場工作的女性。

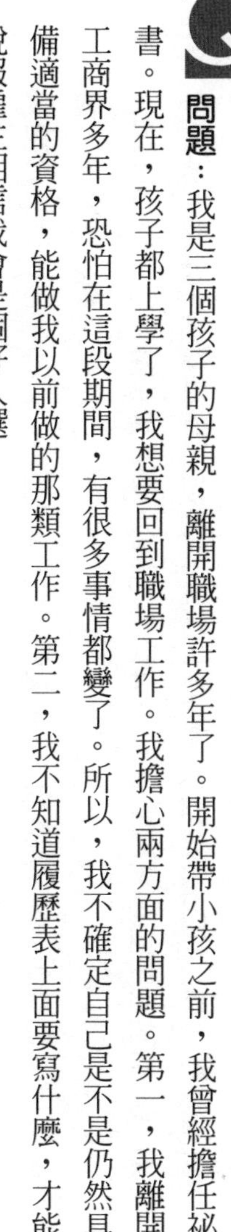

問題：我是三個孩子的母親，離開職場許多年了。開始帶小孩之前，我曾經擔任祕書。現在，孩子都上學了，我想要回到職場工作。我擔心兩方面的問題。第一，我離開工商界多年，恐怕在這段期間，有很多事情都變了。所以，我不確定自己是不是仍然具備適當的資格，能做我以前做的那類工作。第二，我不知道履歷表上面要寫什麼，才能說服雇主相信我會是個好人選。

葛洛夫：你說得對，這幾年來，職場的變化確實很大。你除了要溫習以前已經具備、但這幾年大概都沒用到的技能，還要學習目前辦公室裡常用的新技能。我建議你趕快報名上課，一來是學習這類技能，二來是重建自信。大多數的專科學校都有提供這類課程。

至於你的履歷，千萬不要低估當母親與主婦的經驗。這段時期可以想成是在執行一項非常困難的專案任務——持家，拉拔三個孩子長大。你一定比我清楚，在這段時間，你要學習管理時間、解決互相衝突的需求、設定優先順序、常在高壓之下做出決策、預先考量各種可能的困難，還有解決問題，而且通常同時好幾個。這種經驗可以增加你的成熟度，也會磨練你的常識。

拉拔小孩長大那幾年的個人發展，若是再結合一套溫故知新的技能，對於你重返工商界大有助益，可以成爲很有價值的求職者。

你應該以這樣的角度來看你的經驗，而且，在你的履歷與求職面試過程中，也應該用這種方式呈現自己。

不要進錯公司

我們先前談的，都是如何「擠進公司大門」，但還有一點也很重要：員工應該走對門，不要走錯了！在求職與面試的整個過程中，求職者也需要評估雇主，也就是主管、想進的部門以及公司。

未來可能成為雇主的一方，應該鼓勵應徵者做這種評估。如果員工進公司後發現自己的決定不妥當而辭職，招聘與訓練的投資就浪費掉了。

我認識一個工程師，她到一家公司應徵設計師。去面試的時候，這家公司的人把這個職位描述成充滿挑戰又很刺激的工作，而她渴望尋求技術方面的挑戰，也就心生嚮往。

她上班後，公司安排她接受大量的訓練課程，學習這家公司使用的電腦化設計方法。終於，她準備好可以開始設計工作了。然而令她沮喪的是，她發現這家公司的設計工作已經高度系統化與電腦化，只要按照預定順序按幾個鈕，其他就沒什麼了。她非常失望，做沒幾個月就辭職了，可以說，她的投資，還有這家公司的投資，都白白浪費掉了。

問題：找新工作的時候，我喜歡把未來工作地點的氣氛納入考慮。通常，只要閱讀相關資訊，並且和公司以外的人談一談，我差不多就可以知道某一家公司大致上有什麼特色。然而，要建構出工作環境的正確印象，我就不知道要怎麼做了。請問你可以提供什麼建議嗎？

葛洛夫：最好的方法，就是透過在那個團體當中工作的人，請他們談談在那裡工作的情況，講幾件有趣的小事，或許就能描繪出相當清晰的圖像。

面試的過程中，可以要求看看未來可能工作的地方。到處走一走，瞧一瞧，看看辦公室的布局、工作的步調、衣著的風格，還有室內的裝潢擺設。向帶你參觀的人問一些小事，像是大家去哪裡吃午餐，以及休息的時間去哪裡，諸如此類。此外，也了解一下，除了工作之外，這個團體的成員還有沒有其他交際活動。

相信你的直覺，即使只花十分鐘，在工作場所到處看看，隨便提幾個問題，聽聽對方的回答，你就可以對這個地方有相當程度的體會。

小心不挑人的公司

以下的例子，就是求職者感覺不對勁，提供了某種預警，可能揭露出工作場所真正的本質。

問題：今年，我開始做一份新工作，才幾個月的時間，我就看到我們部門的流動率高得驚人。我不得不推論，這種狀況的原因是管理不當。

我連求職申請表都沒填，也還沒把履歷拿給主管就獲得這份工作，當時我就起了疑心。來上班後，我的主管一直沒有明確訂定我的工作目標。部門裡的其他同事也一樣，誰也沒有明確的工作目標。我相信，這種缺乏組織規畫的狀況讓員工極爲不滿，我也到了嫌惡這個地方的程度了！

難道這種做法在大公司很常見嗎？請問我應該怎麼做呢？

葛洛夫：這種狀況非常不尋常，而且，無論是大公司或小公司，都是非常糟糕的做法。我認爲，一家公司還沒得到你的基本背景資訊，就請你來上班，你根本就不需要浪費時間考慮這家公司。

快跑吧！用走的都太慢了，就像其他人那樣早點離開，也要找個環境比較好的工作。唯有管理完善的地方，才有能力獎勵你的績效表現，並有助於你的生涯發展。

職業生涯的發展是非常隨機的過程，其中的變數令人難以置信。可能從事的職業其實範圍很廣，但年輕人只會接觸到其中的一小部分，而且大多是父母、親戚及家人朋友的職業。我有強烈的感覺，應該鼓勵年輕人「多能鄙事」，提早獲得工作經驗。別的先不說，至少也能早點知道，自己適合哪些工作，而不會為了考量各種可能的工作，而陷入重重迷霧中。

暑期打工在這方面特別有用，可以讓學生親自去體驗。我做過六、七種暑期工作，獲得各種不同的經驗，確實有助於引導我受教育的方向，而且提供了直到今天仍然讓我受益無窮的實用經驗。

有一次，我做的是一班十二小時的苦工；還有一次，我在一家不注重安全的工廠打工，親眼目睹不注重安全的後果：我的朋友受到嚴重灼傷，而那是一場完全可以預防的火災；又有一次，我發現了「辦公室權謀術」發揮到極致會變成什麼模樣：某個部門的全體員工星期六都會到公司工作，但等到大老闆一離開，大家就開始聊天，過沒多久，他們的頂頭上司就會走掉，幾分鐘之後，其他人也開始作鳥獸散，都要回家了。我不知道這樣到公司的意義是什麼，真是平白浪費了一個美好的星期六早晨！

同時，這些工作也給我機會，練習在校園學到的東西。這有助於讓我更明確知道自己喜歡做什麼，以及擅長做什麼。我的心得是，現實生活的經驗最能引導個人的職業生涯發展。

想做行銷，先學推銷

Q

問題：我是商學院的學生，主修行銷。我聽過許多讓人振奮的話，說行銷是個很好的領域，尤其適合女性，但也聽說行銷需要實務經驗。請問眞有必要嗎？什麼經驗最有用？

A

葛洛夫：行銷的工作與推銷東西有非常密切的關係。事實上，「把東西賣出去」正是行銷存在的理由。所以，我認爲，不管什麼種類，業務方面的工作，對你會很有用。在銷售過程中，很多基本原理不會因商品與服務不同而有太大差異，而且有很多事情只能透過實務經驗來學習。

我大力建議你找個業務方面的工作，無論是還在學校修讀行銷的同時，或是正式開始做行銷工作之前。不見得要賣很複雜的產品，或是非得要找你最終想要工作的領域，但至少要有機會讓你接觸到面對面應付顧客並做成生意的經驗。

認眞體驗這個過程，還有其中的樂趣與失望，親自去感受做成生意的助力與阻力，將有助於你日後的行銷生涯。

書本無法取代經驗

問題：我主修企管，非常喜歡閱讀商業類的東西，我很想要知道，自己能不能學到足夠的經營策略、實務以及歷史沿革等，當我畢業的時候，就能夠運用這些知識擔任高階職位？

A

葛洛夫：等你畢業的時候，有沒有可能找到高階的工作？絕對有可能。很多商學院畢業生都能找到，每年都有。但是，你有資格做這類工作嗎？在我看來，沒有。

書本或課堂上的學習對建構知識基礎有用，但若要協助個人從事實務工作，效果卻很有限。這種學習無法複製出眞正執行商務活動、制定決策、洽談合約以及處理人事問題等狀況的情緒氛圍。簡而言之，在這方面，經驗是無可取代的。

這有點像是想透過看書學打網球，或許你可以仔細研究圖片，把每種球賽策略背得滾瓜爛熟，因而學到每一種打法，但用這種方式學網球，就能讓你贏得錦標賽嗎？

第15章
升遷的陷阱

「升遷」通常意謂著：你已經沿著事業的梯子順利往上爬，工作責任也因而增加，這是件非常重要的事。對於個人而言，升遷是工作績效表現最實質也最有用的獎勵。對於挑選人才的管理者而言，員工的升遷也很重要，如果人挑對了，對自己的前途也有很大影響。此外，對於自認為是適當人選的其他員工，當然也是極為重要。

因此，經理人必須盡最大的努力，選對人去接更高階的職位。遴選人才的依據，應該要看過去的績效表現（其他就不必看太多了），有一部分的理由是，過去的績效表現是預測未來績效唯一可靠的根據，除此之外，也因為升遷代表某種能見度很高的宣示，說明管理階層真正重視的是什麼。

要看績效，不要看個性

問題：我是一家大型工程公司的部門主管，大約管理二十人。我剛剛獲得升遷了，但在我履新之前，必須先推薦接替我現在職位的人選。

我有兩個人選，個性完全相反，但我相信任何一個接我職位的人都能把工作做好。一號人選謹慎保守、很勤勞、工作極爲努力，而且把自己處理得很好，只不過他沉默寡言。他也會注意每一個細節，這項特質對這份職務相當重要。二號人選衝勁十足、很有活力，而且個性開放，但毅力與精準程度都不如一號人選。然而，他很會激勵部屬，帶人的能力相當好。

請問，我應該選擇哪一個呢？

A

葛洛夫：你對這兩個人選雖然描述得很生動，卻沒有眞正提供決定的依據。要成爲良好的管理者，並沒有一套具體的特性。不同的人會爲工作帶來不同的技能組合與特質。某些組合的效果非常好，而其他非常相似的組合卻行不通，因此，沒有一套絕對正確的區分方式。

建議你回頭去看這兩個人選的過去，仔細研究他們的績效表現。他們可曾受過多種不同職務與環境的考驗?以前交辦的任務達成的狀況如何?不要老是想著他們的個性,要把衡量重點放在生產的結果。看看誰的績效紀錄最好,就選擇那個人。

這個重點如此明顯,但做起來卻非常困難!我們好像感染了大家常說的「角色分派心態」,第一個反應往往是選擇「看起來」適合扮演那個角色的人。如果我們還算幸運,就會克制自己,不要照著這種想法來行動,而是讓他們過去的績效表現成為決定的要素。如果我們運氣沒那麼好,就會選擇外表與個性似乎很適合的人,然後,我們接下來的一年又在痛苦中度過,很不情願承認自己犯下的錯誤。

幾年前,我必須選出一個負責生產的主管,這個職務的人選有好幾個。我是研究背景出身,不容易看出這幾個生產主管的背景有何不同。所以,我就根據自己心目中理想的主管應該如何如何的概念,挑選了最接近這個想法的人。他外表好看、很有活力,也很敢言,真的是個幹勁十足的人。但他接了這個職務卻沒有什麼成效。後來,經過更深入調查之後,我才發現他以前的工作成效也不怎麼樣。接他職位的人,則是沉默寡言、深思熟慮、動作有點慢,但無論接到什麼工作,都能把事情做好,而且可以繼續運作下去。我學到教訓,卻也付出了辛苦的代價。

升遷的處理,極有可能把辦公室的權謀鬥爭、玩花樣,以及耍不正當手段等不良行為扯進組織的運作。為了降低這種可能性，升遷的過程應該盡可能以最客觀、最開放、也最坦率的方式來處理，而且所有的當事人都應該這樣做。

用績效爭取升遷機會

問題：我在一家專賣店工作，最近，我們部門的副店長被另一家店挖走了。我們這個部門有九個人，我們店長說，她打算觀察我們的表現，看看誰最有潛力擔任這個職務，她會在三個月內做出決定。現在，我們每個人都使出渾身解數，希望獲得賞識。同仁之間氣氛很緊張，愈來愈不可能好好上班工作了。請問我要如何在不發脾氣的狀況下，好好處理這樣的狀況？

A

葛洛夫：聽你的口氣，好像是一群小孩子搶著表現，想要贏過別人，藉此吸引老師的注意。不要以爲你們主管連這一點都看不出來！其實，她正在觀察你們，但看的不是你們「爭取別人注意的能力」，而是你們「在工作上的表現」，包括如何處理顧客、同事，以及各種高壓的狀況，就像你現在的處境。你可以確定，如果你得到了升遷機會，日後還要面對更多壓力很大的狀況。

你周遭可能已經逐漸產生具有破壞力的惡性競爭，千萬不要捲入這個漩渦。你要集中心力，專心做你的工作。尤其是副店長應該專注的工作項目。不要自作聰明，想要猜測、迎合店長的想法，這樣只會產生反效果。

幫他變得好一點，不是感覺好一點

Q

問題：因爲一個資深祕書的職缺，我面試了公司內部其他單位的人，然後選出我認爲最有資格做這個工作的同事。因爲公司政策規定，還有基於禮貌，我必須打電話給其他幾位落選的應徵者，向他們告知我的決定，並且謝謝他們參與角逐。

打這類電話差不多都還算順利，但我也碰到了一些難堪的狀況。有幾個應徵者問我他們沒有獲選的原因。請問，我當時應該只要回答說獲選者最適合這個職務呢？或是也應該回答落選者眞正想要（也理應得到）的更完整答覆，包括他們的各種優點與缺點，進而提出建設性批評呢？

葛洛夫：多花一點時間與努力，向所有落選者解釋原因吧。如此一來，每個人都能把申請職缺的過程變成一次學習經驗。如果他們欠缺某些技能或經驗，務必明白指出來。這對他們會有幫助，而且，既然他們是公司的員工，這樣做也是在爲公司服務。

重點就是，不要讓對方覺得氣餒或沮喪。你的態度不要太生硬或不帶感情，但也不必語帶歉意。一開始，你就再敘述一次這個職務需要的技能，然後把這位申請者的資格條件拿來做比較。他們有什麼優點，你不必吝於承認。只是你要記住，而且如果情況適當，也要提醒申請者：你只有一個職缺。

向落選者解釋你的想法，不僅會幫助他們在職涯發展更進一步，也表達了你對他們的尊重。如果只給一個簡短敷衍的答覆，卻缺乏任何詳細的說明，效果就會完全相反。

我的回覆引起了讀者的反駁。

有位讀者覺得這樣的方式很容易惡化，變成某種辯解性質的討論，只是在數落對方的缺失，也可能導致員工指控升遷過程受到不公平待遇。他的看法是，經理人應該只要安慰落選者，讓他們有信心就行了，不要討論具體的弱點，也最好避免談到細節，只要肯定角逐者，說他的確具有競爭力。

我並不同意這種說法。我認為，這種方式太虛偽了，就像只給落選者局部治療的藥物而已。他們可能會暫時感覺好一點（我甚至連這一點都很懷疑），卻不會幫他們變得好一點，因為這樣做沒有提供任何實質上的幫助。要給這些人真正的幫助，就要指出他未來可以改進的地方。要是沒有一併處理他們目前的能力，任何這類討論只是虛應故事而已。

至於討論具體細節可能導致落選者指控受到不公平待遇的說法，我實在很不願意看到本來已經複雜而辛苦的管理工作，還要常常因為有所顧忌而變得更加困難。我們還是只要「做對的事」就好！這已經夠難了。

爭取升遷的三個基本原則

想要更高的職位，不應該覺得尷尬不安，有這樣的抱負是理所當然的。在追求更上一層樓的過程中，我覺得最好遵守三項簡單的法則。

第一，坦率表達升遷意願

問題：我進公司六個月了，我的主管則在公司待了三年。我除了自己的工作之外，還要做她的所有工作。再過不到一個月，她就要升官了，我想爭取她現在的職位。請問我到底是要告訴我們經理，我已經在做主管的全部工作，還是保持沉默，希望他看到我的能力後升我上去呢？

葛洛夫：應該以坦率的態度申請你主管的職務。首先，你要告訴她，你很希望接替她的職位，也想要申請遞補她留下來的職缺。禮貌上，你必須那樣做。此外，你以後也會需要她的支持，因爲你們經理大概也會問她的看法。如果事實上你已經在做她的工作，我看不出她有什麼理由不願意支持你申請調升。

然後，問經理能不能面對面討論。面談前，要做好功課，徹底想清楚你爲什麼相信自己雖然進公司時間不長，卻有資格做你主管的工作，再把你的想法告訴他。具體描述你已經在做的工作，但千萬不要說這是屬於你主管的工作。

經過這一切，如果你仍未得到提拔也不要難過。你可以向經理探詢，問爲什麼沒有選你，更重要的是，問他下次碰到這類機會時，你應該怎麼做才會成爲更適合的人選。

第二，不要跳過直屬主管

問題：我的直屬主管是副理，請問我要如何告訴我們經理，我可以做得比這位副理

好太多了？我不想引起私人衝突，卻又很渴望展現自己的才能。

葛洛夫：如果你認爲自己已經準備好，樂意做比現在更多的工作，那就去問副理，也就是你自己的頂頭上司，要求指派額外的工作給你。那就可以讓你伸展雙翼，而不至於引起衝突。

第三，有功勞就會受賞識

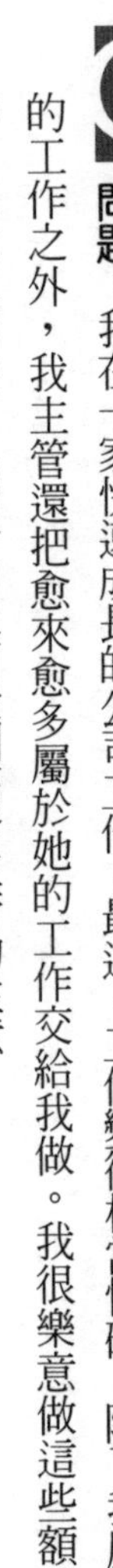

問題：我在一家快速成長的公司工作。最近，工作變得相當忙碌，除了我原來已有的工作之外，我主管還把愈來愈多屬於她的工作交給我做。我很樂意做這些額外的工作，但我又擔心自己的努力沒有受到高層主管的注意。

我希望確保自己的貢獻能得到賞識，請問我應該怎麼做呢？

葛洛夫：連試都不要試。你要很高興自己能夠獲得機會，去做平常也許不會讓你負責的工作，也要運用這個良機，盡可能多學習你主管的工作。這種經驗會爲你帶來好處，也許不是立即受益，但很可能來得比你認爲的更快。不要爲了爭功，卻搞砸了這一切，你有功勞，自然會得到賞識。

學習應付「彼得原理」

拔擢人才也有一件麻煩事，經理人總是有點擔憂，一不小心就落入「彼得原理」這個諷刺的法則，也就是把一名好員工升到他不能做得很好的職位。

事實上，這種事司空見慣。有個諷刺的說法是，為什麼會損失一流的業務員（或是工程師或機械工），就是因為把他變成了二流的經理。但又有什麼辦法呢？難道應該拔擢表現差的業務員（或是工程師或機械工）？難道成功的勝算就會比較高嗎？不可能！而且，那樣等於是對所有其他業務員（或是工程師或機械工）傳達什麼訊息呢？工作隨便做做就好了，這樣也有可能升官，是嗎？

「彼得原理」的弔詭是不可避免的，我們別無選擇，只能學習應付這個難題。

問題：我是部門主管，正在考慮擢升我最資深的部屬，把我這個團隊大約三分之一的成員交給他管。問題是，我不確定他有沒有能力應付這個新職務。

從個人工作表現來看，他做得很好，但並沒有表現出我認爲成功的主管需要具備的主動與魄力。一方面，我認爲我應該給他一個機會；另一方面，我又擔心，如果升他上來，萬一他做不好的話，我就要請他走路。請問這種左右爲難的狀況，有沒有什麼解決的方法？

葛洛夫：也許有兩種方法。第一，你可以和部屬攤開來談，坦率討論你的想法。事先取得共識，如果你升他上來，經過一段時間，例如六個月之後，你會評估他的工作表現。如果到時候發現你的疑慮確實有道理，你就把他放回去原先的非管理職（他在這個位子上表現得很好）。你們也可以講好，萬一眞的如此，你也會取消因升遷而來的加薪。這種事先的協議，可以避免失敗的痛苦，同時也表達了你對部屬擔任主管的期望。

還有一個方法，就是把你的部屬暫時放在主管位子上，但職位先不要升，只要把事情安排一下，讓他沒有正式升遷也可以做這個工作。如果他做得很好，你就會完成正式升遷的手續。如果行不通，他就回復原職而不會在心理上留下陰影。

我個人比較喜歡第二種方法，也就是在正式擢升之前，先讓員工嘗試某個工作。不過，對一個有前途的員工來說，這兩種安排都可以給他一個晉升的機會，同時又能提供某種安全的防護網。無論如何，若因升遷後無法勝任新工作，就讓一個好員工走路，這就錯得太離譜了。

晉升錯誤的補救之道

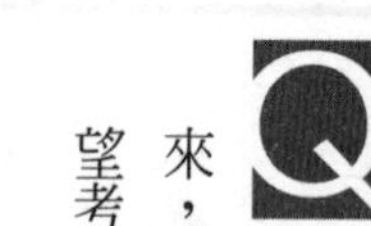

問題：六個月前，我把一名在公司服務十二年的忠實員工升到主管職位。現在看起來，升他的決策眞的做錯了。請問我應該如何處理這個狀況？炒他魷魚嗎？我實在不希望考慮這條路。

葛洛夫：你之所以會提拔這名部屬，想必是因爲他以前的工作表現不錯。我同意你的看法，不要因爲他升到更高職位表現不好，就想炒他魷魚。那是錯誤的，不僅道德上說不過去，也會造成公司的損失，因爲以前表現良好的員工不能再爲公司提供服務。

你應該深吸一口氣，坦然面對這個升遷決策的錯誤，盡可能以最客觀、也最關懷員工的方式來補救。你可以找這個部屬坐下來，討論你對現況的看法。一定要先整理出以前的幾個事例，說明你一開始爲什麼會決定升他：因爲他以前表現很好。解釋你爲什麼認爲他在目前的位子上表現不佳，然後提議把他調回原職。

碰到這個狀況，你並不需要覺得尷尬。讓一個人去做以前從沒做過的工作，你事先根本無法預知他的表現。因此，每一次升遷的決策都有風險，有些確實不如人意。

眞正重要的是，你和部屬要在不對他或公司造成損害的前提之下，共同補救這個錯誤。你們兩個愈是客觀，就愈容易達成任務。

這個問題的解決之道，有一部分是你要爲這個部屬找到一個職位，相當於他晉升以前表現很好的等級，並且協助他在有尊嚴、不失面子的情況下安頓下來。將來，還可以再給他嘗試升遷的機會，或許成功的機會更高。

人員的這種「回收再用」其實非常合乎邏輯。因為本來就是表現良好的人，才會獲得升遷，所以說，留他們下來繼續為公司服務，甚至未來還有機會升遷，顯然是很值得做的事。然而，這種做法並不普遍，因為大多數的經理人會感覺很不自在，很難開口向先前升遷的部屬做出這樣的提議。恕我直言，比較容易的做法就是把這樣的人推出門外，只附上一句站不住腳的說法：「實在不適合……」

不見得要走上那條路。沒錯，提議員工回去做比較低階的工作，確實很難啟齒，但是（請原諒我又要說教了），公司給經理人薪水，是要去做「對」的事，而不是做容易的事。

第一次向部屬提出這樣的建議，我心裡也很緊張。他升上新職，工作做得焦頭爛額，我們兩人都明白。然而在升他之前的好幾年，他的表現非常好。他聽到我這樣提議的時候，可以看出他顯然鬆了一口氣，因為他已有心理準備，隨時可能被炒魷魚。他自己也知道，升上新職位之後，他的表現實在不及格！

這是十五年前的事了，他後來做得非常成功，終於再次升上更高的職位，而且這次坐得很穩。

落選者不是滋味、扯後腿

未能獲得升遷機會，難免引起落選者的不滿。有些人可能認為自己是適當的人選，他們不會喜歡失敗的滋味。有些人即使知道自己不夠格，也不會為獲得升遷的人喝采，尤其是如果最後還要受這個人指揮，那就更不是滋味了。

我認為，如果你能讓這種忿忿不平的感覺浮現出來，反而會有幫助。把事情攤開，不見得能解決問題，但至少可以協助剛升上去的主管，能和以前平起平坐的同事相處，讓兩者之間的往來能採取更開放、也更真誠的方式，可以避免有人在事後背地裡扯後腿。

我被任命升上目前職位的時候，已經預料到以前和我同級的經理們可能會有些負面反應。人事命令公布之後，我就安排時間找他們每個人見面，一次找一個談。我問他們，對於我即將升遷，他們感覺如何。有些人說，他們認為這是我應得的，也很盼望能與我合作。有些人則是聳了聳肩，說他們覺得無所謂。然而，有一位卻很坦率明白告訴我，他不太高興，因為根據他對我管理風格的理解，他認為他不會喜歡接受我的指揮。我雖然很不是滋味，還是嚥下這口氣，也說了幾句空洞的場面話，像是「我希望我們可以設法解決」之類的。

然而這次簡單的討論，有助於清除我們兩人之間的猜疑。如今我們已經共事超過十二年，而且除了剛開始的一年有點爭執，我們後來相處得好極了。

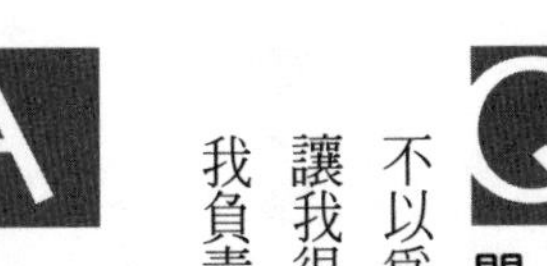

問題：最近，我升到主管的職位，眞的非常高興。然而，同事們對我的興高采烈頗不以爲然。有幾個同事在公司待的時間比我久，顯然很不是滋味。他們老是找我麻煩，讓我很難做事，也根本不聽我講的話。這已經開始影響我們部門的績效，而這現在要歸我負責了。我希望他們能跟我合作，並且減少他們的敵意，請問我應該怎麼做？

葛洛夫：試著從同事的觀點來看你自己的升遷，他們也同樣想要這個工作。在這種狀況下，不可避免會有些憤慨或妒忌，但那樣的情緒不會持續太久。繼續做你的工作，而且不要讓狀況再惡化下去。

每次感覺受到怠慢，無論是眞實或想像的狀況，你要盡量試著視而不見，不要有任何反應。記住，坐上這個職位，你自己可能也有點缺乏安全感，而且你可能感覺有人在抵制，但其實並沒有。如果同事不聽你的話，就採取不帶情緒的方式找他們問出原因。

你要以工作爲重，凡事講理，要控制敏感的情緒，無論是你敏感，或是部屬敏感。而且，你要發揮耐心，時間可以幫助你們每個人逐漸習慣你的新角色。

爲下次爭取升遷做好準備

認為自己該升卻沒升，帶來的不只是失望而已，還可能懷疑自己的能力，影響自信，有時候，可能會重新認真思考自己的職業生涯。

問題：剛進公司的時候，我是資深系統分析師；後來，三年前，公司派給我管理任務。我全心投入這個工作，直屬主管也對我的績效表現非常肯定。

儘管如此，公司最近卻告訴我，我一直維持資深系統分析師的職位，而管理工作只是某種「任務指派」而已。此外，公司也指派我做另一個領域的工作，還說可能在明年某個時間正式升我到主管職，也會幫我加薪。

在此期間，我先前的職缺卻被一個經驗不足的年輕人遞補了上去，而且公司還要求我訓練及協助他。我感覺被欺騙、也被利用了，請問我應該怎麼辦？是要保持風度接受一切，並且樂觀希望會發生最好的結局嗎？畢竟，公司給我的薪資非常優厚。

問題：我進公司三年多，自認爲訓練有素，做這份工作很稱職，也有充分的經驗。一個月前，我原來的主管離職了，立刻有人接他的位子，但新主管對我們的工作所知有限。我對新主管很不滿！我在這裡的時間比他久，也比他更懂得如何做好事情，他有什麼資格指點我做事呢？這件事對我造成很大的挫折，希望你可以幫我解決這個問題。

A

葛洛夫：我打算一併回答這兩個問題，因爲這樣的困境其實很常見。每次，只要有人獲得賞識，擔任比較高的職位，周圍的人難免會感到失望。在這些人的眼裡，往往覺得自己比升遷的人更有資格做那個工作。他們很可能忿忿不平，既氣憤做此決策的人，也怨恨獲得拔擢的人。可能有人懷疑高層長官私心偏袒，也有人會憤而離職。

千萬不要有這種反應，要試著把這次的事件當成對你們未來有幫助的經驗。心裡要有這樣的想法：獲選的是別人而不是你，應該有充分的理由，而你就要盡力去發現這些理由到底是什麼。唯有那樣做，你才有機會避免日後舊事重演。

找到做這項人事決策的主管，請求當面談一談。向他解釋，未能獲得升遷，你覺得很失望，並且表明你有志爭取下次升遷的機會。你需要清楚理解他先前決定人選的各項考量因素。留心聽主管解釋，並且不要爭辯，無論你心裡多麼想要爭辯，也要克制下來。如果你爭辯，只會縮短主管的解釋時間，也沒機會獲得進一步的資訊。

聽完主管的解釋之後，仔細思索剛才聽到的內容。你能不能接受公司決定人選所依據的價值觀？你是不是仍然渴望爭取這份工作？你有沒有決心學習你將需要的技能與特質？如果答案是肯定的，那就努力去做到。明白自己需要做什麼，應該有助於凝聚努力的重點，也會提高下次升遷的機會。

反過來說，如果你發現自己不能或是不想養成那些能力，那就要重新審視自己的規畫與抱負。也許你對這個升遷機會並不是真的那麼志在必得，也許你不喜歡雇主決定人選所依據的價值觀。如果是那樣，你很可能應該另謀高就。

無論如何，徹底理解決定升遷的思維，會協助你對自己的未來做出更明智的抉擇。所以，你要虛心去問，也要用心去聽。

主管不讓我調部門

有時候，升遷的機會很可能在別的部門冒出來，而不是你工作的地方。尤其是在大型機構，這種事更常見。如果有這種情形，你現在的主管就會有不同的立場。一方面，他當然希望祝你好運，但另一方面，你的機會就意謂著他的一個新問題。如果你升遷調動，他就必須找人接替你的工作。所以說，升遷還不見得完全是你一個人的事而已。

問題：我在一家大公司擔任製造工程師，我的主管非常倚重我解決生產線上的問題。最近，我發現我們研究部門有個職缺，我有資格做這個工作，也認爲這將會給我一個眞正的成長機會。麻煩的是，我的主管說他需要我，所以不會讓我去。這實在太令人沮喪了！請問我該怎麼辦？

A

葛洛夫：你想要更上一層樓的渴望與需求，也必須考量目前部門的利益。我猜想，無論是你個人或是你主管，都沒有充分的立場可以做客觀的權衡，所以你需要公正的第三方來幫忙。

請主管給你機會，讓他的主管來裁決，這位高階主管對於生產線的直接需求會比較超然一點，也會從比較廣闊的觀點來看待你職務調動的利害與影響。

經過這樣的上訴之後，如果仍然不允許你調動，你就應該找你的主管討論，擬定一個行動計畫，例如訓練可以接替你工作的人，下次再有類似的機會出現，你就能夠把握機會了。

有時候，員工具備了可以升遷的全部條件，卻升不上去，是因為他們和自己目前在公司扮演的角色實在太密不可分了，大家簡直把他們與某個職務畫上等號。比如說，某個人剛開始上班的時候是生產線工人，或是祕書，那麼在高層的眼中看來，可能永遠定型在這幾個角色上面。即使在這個人完成進一步的教育訓練之後，也擺脫不了這個形象。

這障礙很難突破。有時候，跳到另一家公司可能還比較容易，因為換了公司，員工就不會帶著舊有形象的包袱。

第16章 同事很煩怎麼辦？

同事對我們通常很重要。我們在職場上的活動，幾乎總是和同事密不可分。要把我們的工作做好，就要靠他們，而他們也要依靠我們。我們共事的人，是職場上相當關鍵的因素之一，決定了工作場所是否愉快與協調，甚至可能充滿樂趣！超過大半的情況，我們對共事夥伴的感覺，會決定我們每天早晨是不是想要去上班。

所以說，同事之間相處的問題，即使本質上是無關痛癢的小事，也可能嚴重影響我們自己的工作，也當然會影響整個團隊的工作。解決這類問題非常重要，不僅有助於提升我們的生產力，也能維護個人情緒的愉快。

對於同事相處的問題，我主張直接找他們解決，絕對不要再透過第三者。碰到這樣的衝突，第三者不僅毫無用處，反而可能造成問題惡化：他們會變成看戲的觀眾，唱戲的當事人就會演得更賣力。最好把這類討論局限在你特別想要抱怨的具體事例，也要避免概括性的評語，像是：「你總是這樣……從來不那樣……」。

同事愛閒聊，讓我分心

問題：我在一所忙碌的公共圖書館工作，同事當中有很多二十歲左右的年輕人。上班的時候，我們理應專心處理書籍歸還與借出的工作，他們卻常常聊個不停，很容易讓人分心。他們這樣閒聊，增加了資料錯誤的機率。我們主管似乎不怎麼在乎，可是這個問題可能嚴重影響到「顧客關係」，請問我應該用什麼方式去找主管談這個問題？

A

葛洛夫：你根本不應該爲了這個問題去找你們可憐的主管，他有更重要的事情要做。下次，當他們開始閒聊的時候，只要轉頭看著同事，非常直截了當地告訴他們，他們這樣講話讓你很難做好你的工作。然後，以同樣坦率直接的口氣，問他們能不能停止閒聊。

同事「狀況外」

同事之間的問題可能比聊天嚴重得多，但也可採取類似方法解決。

問題：我在一家相當大的公司工作，是五個部門經理的其中一個，頂頭上司就是事業處的總經理。在五個部門經理當中，我最年輕，也最資淺。我們有一個比較資深的經理，他實在是「在狀況外」。開會的時候，他表現得興趣缺缺，大家都注意到了；他把太多工作交給部屬，對於自己底下的重大專案，即使是非常基本的事情，他也常常搞不清楚，而且，他不肯做任何決策，即使是不重要的小事，除非先和每一個幕僚討論過，但這可得花好幾天。

整個組織的其他部分在配合他的情形下，尚且可以正常運作，但是他這樣嚴重消耗大家的生產力。雖然工作還是可以完成，但最根本的問題依然存在：少了他應該執行的管理職責。我很關心這個問題，很想找他談一談，但因爲我比較資淺，恐怕他根本聽不進我的話。請問我應該用什麼方式找他談，並且讓他聽我的意見呢？

A

葛洛夫：碰到這種情形，你必須更專心處理自己的職責。你的首要之務，就是負責你的部門所做的工作。這是你應該關心的事，也有正當的理由。然而，你同事的整體績效表現，並不是你份內的事，而是你的主管——也就是總經理——應該關心的事。

如果因爲同事對他自己的工作缺乏參與感，造成你很難做自己的工作，這就是你可以也應該直接找他談的問題。請他和你一對一開會討論，因爲你的問題太複雜了，不應該採取非正式隨意討論的方式來處理。

和這位同事開會的時候，要具體說明他如何妨礙到你的工作，以及你希望他採取什麼行動。請他做出承諾，努力改善這些具體狀況。

你的方法應該以解決自己的特定問題爲目標，而不是試圖糾正同事的績效表現。在處理同事問題的態度上，如果這個方針很清楚，你就可以大幅提高成功的機率。

請注意，我建議利用一對一會談處理這位麻煩的同事。這是主管與部屬之間互動的最佳方式，但在這裡也行得通，原因是一樣的：集中焦點，加以強化，如果你正在處理某個困難的主題，就必須要這樣做。安排和同事進行這樣的會議時，大概就會把「有重要的事需要討論」的訊息透露給他，也可能促使他預先仔細思考一番。

寫信化解敏感問題

如果問題特別敏感，你可能想用寫信的方式來陳述自己的立場。對於較難討論的主題，這可能比面對面的對質容易。私底下閱讀你的怨言，不需要立即回應，同事可能也會覺得傷害較小。等到同事有機會消化你信中的內容，隨後再安排一場面對面的會談，效果可能會好得多。

問題：最近，我開始在一家小公司工作，公司派給我一個案子，指定一位同事負責教我這個案子相關的一切。

一個月後，我有了一些進步，公司也就給我更多工作與職責。遺憾的是，我原來的「導師」現在竟懷著敵意與恨意。事實上，他故意搞出一些問題，增加我工作的困擾。

我找他談過，把感想告訴他，設法建立和平共事的關係，卻徒勞無功。我希望自己解決問題，不必驚動主管，因爲我眞的不想引起他愈來愈深的積怨。請問我該怎麼辦？

A

葛洛夫：你的選擇有限。你已經找過你的「導師」，沒有效果，你又不想要找主管處理。那麼，再找這位同事談一次，但要先做好準備，如果你們兩人之間的事毫無改善，可能就要把主管牽扯進來了。

有一個做法就是寫信給你的「導師」，在信中先向他致謝，因爲你剛進公司時得到他的幫助，然後敘述目前逐漸形成的問題。要具體描述一些事例，佐證你的說法並非空穴來風，他的確故意找麻煩，讓你更難做事等等。再談到你嘗試解決你們的問題，強調你願意努力保持工作關係，並且徵求對方的看法，是不是因爲你做的什麼事才導致問題的產生。最後你可以暗示，如果你們兩人無法私下解決，就應該一起去找你們的主管。

這樣的一封信應該給你的同事足夠的動機打開心房，談談他對你的任何恨意（畢竟他可能有充分的理由生氣），也能促進你們的互動，並開始重建兩人的工作關係。

職場上的私人衝突有個奇怪的現象，原本只是小小的不愉快，經過一段時間，可能會愈演愈烈，累積成感覺起來像是嚴重衝突的大事。不久前，有個同事調到我附近，他的工作需要花很多時間講越洋電話。因為他的工作性質，再加上天生大嗓門，這種疲勞轟炸擾得我不得安寧。因為，我們的辦公室是開放空間，旁邊只圍了一．五公尺高的隔板，只要聲音太大，很容易彼此影響。

我坐在辦公室裡，從隔板那邊傳來的大嗓門，讓我愈來愈惱怒。終於，我忍太久了，實在忍無可忍，簡直氣得火冒三丈，就去找那個傢伙抗議。他大吃一驚，但他連忙道歉，也保證會注意自己講話的音量。

真希望在這個故事的結尾，我可以說，從此以後，我們兩個快快樂樂坐在彼此旁邊工作，可惜事與願違。儘管我已經提醒好幾次，但鄰座講話的聲音又不知不覺慢慢回升。值得玩味的是，在我第一次找他討論之後，提醒他降低音量這件事變得容易多了。但畢竟積習難改，最後，我終於還是動用自己的職權，請他調到另一個辦公室，離我遠一點。

這個故事給我們的教訓是：

別讓小事愈演愈烈

Q

問題：最近，我進了一家公司，在會計部門工作。我的問題是，鄰座的同事有嚼泡泡糖的習慣。對於嚼泡泡糖本身，我倒無所謂，只是她常常吹爆泡泡糖，聲音很大，對我造成嚴重干擾，但我是個新人，實在不想製造任何風波。我想要解決這種狀況，請問有沒有什麼巧妙的方法？

葛洛夫：要處理這個問題，恐怕只有一個方法：你需要坦率去找這位同事討論。她很可能根本不知道還有別人注意到自己的習慣，更不用說對別人造成干擾了。

不過，你的態度要溫和點。也許在休息的時段，把她拉到一旁，以略帶歉意的方式導入主題。畢竟，你打算討論的是她的一種個人習慣。強調她嚼泡泡糖對你工作的影響，因爲這樣，你一開始才有正當理由提出這件事。

不要等太久，否則你的挫折與憤怒可能會累積太多，導致有一天忍無可忍，突然爆發，才開始討論。到時候場面可能就不好看了，也不會得到預期的效果。

同事在辦公室清喉嚨吐痰

談到可能造成同事煩躁不安的各種狀況，似乎根本沒完沒了。本來無傷大雅的個人習慣，也可能因為距離太近、次數太多而放大好幾倍。我看過有人為了抽菸而發火，還有人為了別人對自己抽菸的反應惱怒而發火，為了吹口哨、吃零食的聲音或辦公室亂七八糟而生氣。我看過有人不滿同事因為婚禮即將舉行而興高采烈，或是一大早進辦公室就擺臉色；同事回答問題的時候，話太多也不高興，話太少同樣也不高興……真是不勝枚舉。無論碰到什麼狀況，如果惱怒不斷累積，讓你忍無可忍，感覺非要採取行動不可的時候，最好的處理方法就是直接坦率攤開來討論。

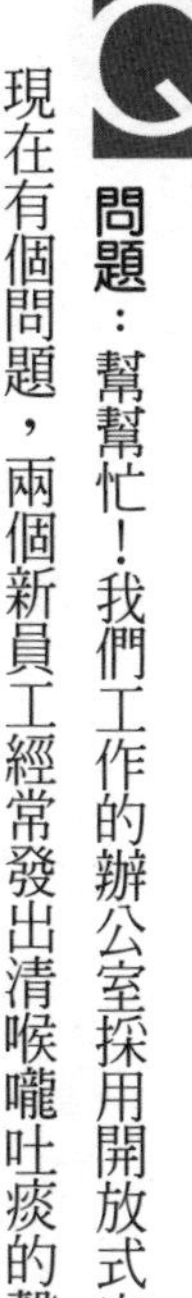

問題：幫幫忙！我們工作的辦公室採用開放式空間，噪音通常還不算太糟，但我們現在有個問題，兩個新員工經常發出清喉嚨吐痰的聲音。其中有一位聲音很大，整棟大樓都聽得到！

我們至少有四個人爲了這件事困擾不已，卻不知道要用什麼方式去找這兩個人討論。我們並不想直接去找他們，說：「請戒掉吐痰的習慣。」

如果去找他們主管談這件事，似乎又太小題大作了。請問我們要如何委婉地讓這兩個人知道，他們的習慣實在讓我們非常不舒服。你有任何建議嗎？

A

葛洛夫：除了讓他們知道，這樣做真的造成別人困擾之外，我看不出還有什麼別的方法，可以讓他們停止做這件事。重點是，做法上不要造成他們尷尬，或是引起比他們吐痰習慣更糟糕的問題。

你可以寫一封措辭客氣有禮的信給你們同事，告訴他們這種習慣對你們有什麼影響，請他們克制一下，不要在辦公室吐痰。信上可以簽名。你們不必感到難爲情，也不應該表現出好像很難爲情的樣子。當然，不要期待會有奇蹟發生，因爲這樣的習慣需要很久才能戒除。你們的同事積習已深，可能根本不會注意到自己正在做的事。要有心理準備，要不時再提醒他們。同樣，還是可以利用措辭溫和而簡短的紙條。

第17章 職場上的親朋好友

我們清醒的時間，有很大部分花在工作的地方。我們和同事有許多共通點，大家並肩工作、一起吃午餐，為了同一個主管發牢騷，也一起說旁邊小隔間那個人的閒話……最後我們會在工作地點跟同事變朋友，因此共事的人對我們很重要，這真是不足為奇。

然而，朋友與同事關係還真是錯綜複雜……

友誼與工作能否並存？

問題：我在一所小型營業處工作，經理與部屬的日常往來都不拘小節。但當經理必須採取嚴厲措施懲處部屬，而這些人也是他朋友的時候，問題就來了。他要如何維持主管的尊嚴，又不至於破壞彼此的友誼呢？

問題：我在一家公司工作四年，和公司其中一位高階主管變成好朋友。最近我工作的部門來了一個經理，而他的主管就是我的高階主管朋友。遺憾的是，我們的友誼開始造成某種尷尬狀況，因爲新主管對待我的方式怪怪的，好像怕我去找我朋友打小報告，說他的績效表現如何。其他同事告訴我，他常常在背後批評我和他頂頭上司的友誼。我覺得問題出在新主管缺乏安全感，但我還是想緩和緊張的情況。請問我該怎麼辦？

問題：我最近升遷變成了主管。現在，我發現自己的處境有點微妙：我的好朋友變成了我的部屬。她覺得很難接受我的命令做事，總是要先爭論一番才願意讓步。我很擔心，自己的新職位恐怕會結束我們的友誼。我想盡量化解這種不愉快的感覺，請問我可以怎麼做？我也開始懷疑，這個職位是不是值得破壞友誼。

從以上幾個問題看來，職場上的友誼可能成為複雜而麻煩的一大難題。對於這個主題，有好幾派不同的想法，大多數會認為「要看跟誰當朋友」。例如，我認識一位經理人，他曾經告訴我，他只和同層級的人來往。他覺得，無論朋友的職位比自己高或比自己低，都很容易出問題。看了以上幾封信，確實證明了這樣的觀點。但我自己很難接受這種態度，因為這就意謂著每次調升或改組，你的朋友也要跟著換一批。

還有更激進的一派，相信「朋友歸朋友，工作歸工作」，絕對不能混在一起。持這種觀點的人就會完全避免和同事變成朋友。對我來說，這樣的做法就失掉了工作中幾個比較愉快的要素之一，那就是「和你喜歡相處的人為同樣的目標而努力」。在我看來，為了解決問題而採取這種做法，代價似乎太高了。

我相信，我們應該盡最大的努力，讓友誼與工作能夠並存。你心裡要有堅定的決心，和喜歡的任何人交朋友，無論他們的職位高低，但是你也會為了善盡自己的職責，暫時不考慮友誼，做必須做的事。你的基本觀點極為重要，如果你認為自己無法處理職場上的友誼，那當然做不到。但反過來說，如果確信這樣行得通，可以處理這種情況，你就很可能會成功。

我絕對不會說這很容易做到，因為往往需要仔細思考是非對錯，也需要堅強的意志與自律。但我堅決相信，即使不容易，還是值得去做。

以下是我給三位讀者的答案。

葛洛夫：給第一位讀者：當一位經理與部屬是好朋友，但需要採取嚴厲措施的時候，他就必須深吸一口氣，然後保持客觀與果斷的態度，說出以及做出需要做的事，無論那有多麼困難。

給第二位讀者：如果主管的主管是你朋友，那麼你和這兩個人的相處，都必須更加小心謹慎。維持你的友誼，但千萬不要對你朋友說你主管的閒話。有工作上的問題，就找你主管解決，絕對不要把朋友扯進來。清楚告訴你的主管，你打算按照這個規矩來辦事。只要嚴守分際，大家最終都可以慢慢接受這種狀況。

爲了高升而破壞友誼，當然不值得，但我也覺得不一定需要走上這樣的結局。新上任的主管（第三位讀者）與身爲部屬的朋友，都可以學習處理職位身分的變化。這需要雙方付出時間與努力。身爲新主管的你應該採取主動，安排和你的朋友開會，找個不受干擾的地點與時間，兩人好好討論。

一開始，就先談因爲你們兩人關係的變化而不安，你打算盡一切努力讓工作與友誼兩種關係都能維繫。問她有什麼看法，也要努力去理解你朋友的想法。也有可能是因爲你自己對這個狀況處理不善，做出不應該、大概也不會對其他部屬做的舉止表現，所以大家才會感覺不愉快。

> 並非人人都同意這種做法，我的回覆引起一個讀者相當強烈的反駁。

讀者回應：算了吧！碰到這種狀況，可不是開誠布公談一談就能解決的。寫信來的這個人，現在賺的錢比較多，也會去他的朋友不會參加的會議。他現在開會與談話的對象都是更高層的經理，立場已經不同了。

你的答覆並沒有反映現實。還是說實話吧！企業就像叢林，生存競爭激烈殘酷，有人甚至會爲了升官，不惜出賣自己的祖母。

我只會建議把部屬調到別的地方，這是理所當然的做法。

A

葛洛夫：有些企業確實像叢林，但大多數還是正當而公平的工作環境。有些人確實會犧牲友誼換取升遷。比如說，他們會像你建議的那樣做，把朋友調離自己負責的領域，只爲了不必處理雙方關係的改變。但是大多數的人會投入心力，調和個人與工作的關係，於公於私都盡可能兼顧。

你似乎希望我說出最壞的可能性，但我要說的是，如果以共識爲重，彼此體諒，就應該（而且可以）怎麼做。

多年來，碰到這種狀況，我一向處理得很成功，也看過很多同事做得很好。

我舉一個狀況為例，我有個同事，他後來變成我的朋友。我並不是他的頂頭上司，但我們有很多專案都需要合作。有一天，他決定離開公司，倒不是因為有什麼問題，只是受到另一個機會的誘惑。他離開的時機，剛好是對公司最不利的狀況，組織會留下一個大缺口，工作進度也會受到嚴重影響。

他的決定讓我非常震驚與憤怒，也感覺受到背叛。至於我的朋友，雖然已經下定決心離開，但他也感覺相當內疚。在他離開之後，我們兩人都做了十足的努力，維繫我們之間的關係。剛開始聯絡的時候，氣氛非常尷尬，因為一個是心懷怨恨，另一個則是深感愧疚。但時間慢慢沖淡那些感覺，我們的友誼也逐漸恢復正常。

過了兩年，我明白他在別家公司的新工作做得並不快樂。我向他暗示，我們公司願意接受他回來。過了一段時間，還沒什麼動靜，但後來我們開始愈來愈常談到這件事，到最後，他真的回來了。我們的私人交情經過工作危機的考驗，而且，我們的友誼也發揮了很大作用，讓他能夠順利回鍋。

在這方面，我並不是什麼特例。我認識三個一夥的經理人，彼此是多年的好朋友。他們私交甚篤，甚至培養出每年結伴滑雪度假的慣例。多年來，這三人之間的關係經過好幾種變化：平起平坐的同事變成主管與部屬，還有一次，主管與部屬的關係甚至反過來。經歷這一切的變化，三人的友誼仍然存在，而且他們在工作上的關係也維持得非常好。

但儘管懷著一片好意，有時候事情還是行不通。我也看過一些狀況，雖然費了很大的心力，但工作上的衝突終究影響了私人情誼甚至反目成仇。不過，公私兼顧的成功例子，在數量上還是遠遠超過失敗的例子。

親屬共事眞的不行嗎？

在工作場所中，如果說友誼已經很難兼顧，那麼，家族關係的挑戰就更大了。在這方面，我並沒有那麼樂觀，認為一定可以達到圓滿的結果。然而，處理方式大致相同：公私兩種關係要各自獨立，劃分清楚，不要讓一種關係的狀態，影響到另一種關係的狀態。

Q

問題：家母是一家小型服務業公司的老闆，我哥哥住在家裡，也在家母公司上班。他們兩人都把工作方面的問題帶回家，所以我在家裡不會聽到別的，只有討論公事。更糟的是，哥哥對於經營事業很有意見，堅持要母親聽他的，而這就會惹她生氣。所以，母子兩人老是吵個不休。

請問，我哥哥適合繼續爲母親工作嗎？

問題：我在一家大型食品連鎖店工作有一段時間了。最近，我試著幫弟弟在公司找到一份工作。我聽說，親屬在同一個地點工作會違反公司政策。如果弟弟也進公司工作就必須到城鎮的另一邊，這樣眞的很不方便。

請問這種政策是否合法？即便合法，又是妥善的做法嗎？

A

葛洛夫：親屬一起工作的時候，會產生許多錯綜複雜的情況，以上的問題只是其中兩個例子。幸好，據我所知，法律並沒有觸及這個問題，所以各公司都可以自行制定相關政策。我個人的感想是，工作與家庭兩種關係若要正常運作，就必須嚴守分際、公私分明。如果親屬之間有主管與部屬的關係，那樣就困難了。例如，要是必須考核配偶的工作績效，讓你寫報告，你會做何感想呢？所以，大多數的機構都有預防徇私情況發生的規定，理所當然也應該如此。

至於私人經營的小公司，例如第一個問題談到的服務業公司，往往沒有這類規定，也常常會用老闆家裡的人。我認爲那種做法並不好，無論是對家族裡的晚輩（這個例子是老闆的兒子），或是對公司，都沒有好處。晚輩根本無法確定自己到底有什麼眞本事，比如說他怎麼知道，如果不是身爲老闆的兒子，自己能不能保有同樣的職位？而員工就更麻煩了，工作要做好就夠難了，還要跟既是同事又是老闆兒子的人一起做事，到底要用什麼身分相處，彼此關係要怎麼定位，都是一般員工要額外面對的心理負擔。如果老闆兒子可以先到外面的公司歷練一番，證明自己的本事，再回來加入家族企業，成效就會好很多。

有些大公司例如第二個問題談到的食品連鎖店，在這方面很嚴格，完全禁止親屬在同一個辦公室或分店工作。這樣一來，負責的主管也就不必處理某些問題，例如兩個有親屬關係的員工在公司花太多時間談私事。然而，我個人認為這類問題不大，主管應該能夠處理，不需要靠「親屬不得共事」的政策幫忙。

同居可以，結婚就不行？

對於親屬共事的問題，有些「解決辦法」實在荒謬，請看看下面的例子。

Q **問題**：我在一家中型公司擔任部門主管。最近，我用了一個新人，他以前住在美國東岸新英格蘭地區，為了到我們公司工作特別搬到西岸。他的太太是專業人士，擁有我們公司（但不是我的部門）一直在找的技能。我向那個部門經理建議找她來面試。問題是，我們公司的人事部門不肯。他們覺得，夫妻在同一家公司工作並不適當。請問，那樣的規定好嗎？

A

葛洛夫：我不贊同這樣的政策。雖然親屬之間有主管與部屬的關係，可能有徇私的問題，無論是眞實的狀況，還是大家認爲主管偏袒。但是，只因爲配偶也在同一家公司工作，而把一個優秀人才拒於門外，我實在看不出有什麼道理。貴公司一定不會禁止雇用兩個同居在一起的人，怎麼結了婚，反而要刁難他們呢？

老臣可以主動輔佐少主

即使和老闆沒有親戚關係，但在家族企業工作也會碰到某些獨特的問題。

問題：七年來，我在一家三十年老字號的食品供應公司擔任廠長。我們公司由企業主夫婦親自經營，一直維持緊密的家族氛圍。

如今，事業基礎穩定了，老闆夫婦出遠門旅行的時候，常常把公司交給兒子負責。問題是，小老闆根本沒有管理能力。結果，老闆夫婦不在的時候，常有員工來找我抱怨他們的不滿，還威脅我說，除非我向老闆談談他們兒子的事，否則就要辭職不幹。請問我應該講嗎？要怎麼講呢？

葛洛夫：你是受雇者，但你身為高階主管，對其他員工和對老闆夫婦都負有責任，如今，看到問題而且狀況很可能繼續惡化，你就需要採取行動。所以，是的，我認為你應該正視這個問題，而且要盡快處理。

我也認為，你應該下足苦工，採取建設性的做法，畢竟，事業最後還是可能由小老闆接班，只差遲早而已。你的目標應該是力勸老闆夫婦，現在就要讓兒子為即將擔起來的重任做好準備。

你要仔細整理相關實證，知道他到底做錯了什麼？記下你自己的想法，附上應該怎麼做的範例，愈多愈好。等你準備妥當，請求和老闆夫婦密談。事先告訴他們，話題很敏感，需要審慎處理。在密談時，提出你的論點，強調你的目標是要設法確保少東得到適當的訓練，協助他以老闆夫婦奠定的傳統來經營事業。

這次開會，你要提出幾個關於如何訓練接班人的建議。他對公司業務是否缺乏認識？或許在父母的督導下，分派任務給他實際執行，對他會有所幫助。他對財務是否缺乏理解？或許他應該報名參加適合的課程等等，諸如此類。

重點是，提出幾項有建設性的建議，就會穩定這次討論的氣氛，表明你要尋求的目標是解決一件非常重要而且必須審慎處理的事。這應該有助於防止開會氣氛愈來愈糟，變成沒有重點或是充滿敵意的發牢騷會議。

老闆公器私用

Q 問題：我在一家小公司擔任祕書。最近，老闆的女兒打電話到辦公室找我，說她要交大學的報告，問我能不能幫她打字。我說不行，她很有禮貌地說謝謝和再見。

第二天，老闆告訴我，他期望我幫他女兒打字。我回答說，我覺得這樣的雜事並不屬於我份內的工作，我不會幫自己的孩子打字，而且我認爲，他女兒讀大學的功課應該可以自己打字。我們針對這個話題討論了一會兒，但最後還是意見相左。

兩天後，老闆走到我的座位，交給我一張支票叫我走路，理由是最近業務減少了。我問他，這個決定跟我們對於幫他女兒的作業打字意見不同有沒有關係。他說沒有，我告訴他我不相信。然後，他說，信不信隨便我，反正我在當天下班之前必須離開辦公室。後來我發現，我的工作由他女兒接手。我爲這個人工作八年，不曾有過任何問題。我覺得自己受到不公平的待遇，請問你對這個狀況有什麼想法？

葛洛夫：在業主自營的小公司工作，有些很不利的缺點。對於主管與員工的行爲規範，大公司雖然不見得有明文規定，但至少有相關的制度，有了這些規定，全體人員可以知道自己應該怎麼做。但是，老闆當家的小公司，根本沒有這類制度，在這裡，老闆可以隨意用人、解雇、獎賞、懲罰，全憑他高興，權力幾乎沒有限制。

如果是大公司，我會認爲你受到的待遇太過分了。你應該會有一份職務說明書，詳細列出你的工作應該做些什麼；幫老闆的女兒打報告，不可能列在這上面。不止這樣，很多公司還有明文規定，禁止利用祕書做主管的私人雜事。此外，你還可以把問題呈報給你主管的上司，或是向人事部門申訴。

但你工作的地方是業主自營的小公司，那些規定，完全都是老闆說了算。如果你不喜歡，唯一的選擇只有離開。老闆展示權力的後果，完全是可以預料的。

> 職場上的人際互動本來就很困難，如今，一方面要兼顧友誼、人情及親戚關係，另一方面要考慮升遷、從屬關係以及工作上的衝突，那就更加錯綜複雜了。但是，解決問題的處方很簡單，即使做起來很困難：一切都要公私分明。你在職場上可能碰到各種不同類型的人際互動，這個原則都同樣適用。

一進公司，親戚就是同事

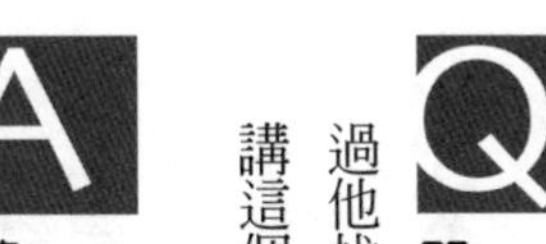

問題：幾個月前，我開始在本地的一家公司工作。我有一個親戚在那裡上班，我透過他找到這份工作。遺憾的是，我後來聽同事說，他有外遇。請問我是否應該跟他太太講這個狀況？同事們不想被牽扯進去，但他們不是他的親戚，我卻很煩惱。

葛洛夫：你靠親戚幫忙而找到這份工作，但你既然開始工作了，就應該把自己想成是他的同事，和其他員工一樣。你大概會努力工作賺取薪資，盡量發揮自己的能力，不會過分依賴親戚，或是要他幫忙。我認爲，對於親戚在工作場所的私人行爲，你也應該採取同樣的態度：一視同仁，對待親戚就像公司其他同事一樣。

我猜想，無論聽到有什麼謠言在流傳，你大概不會跑去告訴另一個同事的太太。所以說，無論你對親戚的私人行爲有什麼想法，每一次離開工作地點的時候，你就應該關上一扇想像中的門。在工作上的關係是一回事，工作之外的關係又是另一回事；兩種關係都保持健全的唯一方法，就是保持謹守分寸，盡量「公歸公，私歸私」。

第18章 女性在職場上的挑戰

職場女性的存在，帶來各種以前不曾遇到的新問題。女性就業由來已久，但現代女性開始擔任新的職位。她們也是工程師，需要爬到複雜的機器底下。她們也是執法官員，會和男同事一起駕著警車巡邏。此外，她們還是經理人。總之，女性已深入工作環境的不同角落，從事以前只有男性才能做的職務，這些新的角色也為她們帶來新的問題。

打不進男人的圈子

問題：我們工作小組有四個人，我是唯一的女性。同組的其他三名成員不習慣與女

性共事，也不把我當成一份子。他們的活動都把我排除在外，甚至不讓我參加他們的談話。請問我該怎麼做，才會被他們接納？

葛洛夫：你能做的其實不多。事實上，你愈努力想打進這些男人的圈子，反而愈容易弄巧成拙，更難拉近你和其他組員的距離。我只能建議：聳聳肩膀，不必在意，繼續做你的工作。過一段時間，他們就會慢慢習慣你，各種障礙也會逐漸化解。

當某個工作領域（例如經營管理）第一次出現女性的時候，周遭的男性對待她們的反應，往往小心謹慎卻又笨拙尷尬。我們實在不清楚自己應該如何表現，我們不知道什麼話可以說，什麼話不能說；突然間，我們全都變得手足無措，很不自然。

我記得第一次有類似的經驗，是一位女士加入經營管理小組的時候，在那之前，我們只有男性成員。我們這群男人常常講話很尖銳直接，有時候甚至還講粗話，都是想也沒想就脫口而出。這位女士加入之後，我們很努力淨化語言，以為我們平常的講話方式一定會冒犯到她。這種淨化的嘗試，導致我們說話結結巴巴，常講到一半就硬生生打住，然後只好尷尬地道歉，可想而知，我們的討論變得很不自然，而且溝通品質顯然大受影響。

剛開始，在我們中間的這位女士還假裝什麼都沒注意到。過了一陣子，這種笨拙尷尬的狀況還是沒有改善，她忍不住告訴我們，不要表現得像小學生看到校長那樣；她還揚言威脅，如果我們不像以前那樣講話，她就會開始使用我們一直試圖避免的那種語言。這番話是有點幫助，然而，我們還是過了好幾個月才真正習慣她的存在。

這種狀況似乎非常典型，更糟的是，往往牽扯到更累人的麻煩事。

耐心打破性別障礙

Q 問題：我是女性，擔任重要的管理職，剛好又是我們部門唯一的女性經理，而問題就出在這裡。

我們部門每星期開會，通常有「腦力激盪」的時段，大家集思廣益，想辦法處理各種不同的經營問題。開這些會的時候，我提出的點子不輸給同事，然而大家卻忽略我的建議，只談男人提出來的。我也擔心，如果為了這件事去向主管報告，他會認為我的行為表現得像「女性主義者」。

請問我到底應該逆來順受，還是要採取什麼行動？

葛洛夫：我不知道你在這個男性組成的團體待了多久，所以有點難回答。如果最近才加入，我會建議你再等一陣子，靜觀其變。長久以來，這些男人開會的時候沒有女性參加，所以要給他們一點時間，他們可能會逐漸習慣你的存在，也會開始平等對待你。

同時，把你受到忽略的事項寫下來。經過一段時間，如果狀況還是沒改善，你想要抱怨才有具體的細節佐證。帶著這份列表去找主管，提出你的論點，強調不只你的自尊心受到傷害，也造成公司得不到你貢獻主意的好處，浪費了公司付給你的一部分薪水。

非常重要的一點是讓你主管明白，你說的情形眞的存在。如果你可以讓主管先改變他本身對待你的行爲表現，就可以打破這個僵局，因爲團體當中的其他男性也會效法上司的態度。

然而，即使他誠心誠意承諾改善，也不要期待狀況會立即改善並持續下去。多年的習慣改變起來並不容易，需要很長的時間。所以，要有耐心堅持下去。

強力爭取「被聽見」的機會

身為男性經理人，我可以比較輕鬆勸人要有耐心與堅持，但是，在職場上奮鬥的女性經理人，就沒那麼容易接受了。對於仕途上額外的障礙，她一定沒那麼豁達。有一位女性讀者針對我的答覆補充了不同的意見，根據她的論點，「不忍耐」反而是美德。

讀者回應：我讀了你最近的專欄，有一位女性經理人的主管和同事都是男性，開會的時候完全忽略她的意見與貢獻。

我是女性，在一家大公司擔任了六年的軟體主管。我經歷過同樣的問題，希望和讀者們分享我的經驗。

剛開始，我也像你建議的那樣，靜觀其變，看看時間會不會讓我受到大家認同。但這根本行不通，共事的男性完全不尊重我的意見。接下來，也很像你建議的那樣，我詳細寫下自己的怨言，找我的主管開會討論。但那只有一點點幫助，而且，他的態度雖然改變了，其他男性成員卻沒有跟進。我不打算任由我的主管或同事爲所欲爲。所以，我想出了一套戰術，後來證明是最有幫助的方法，在你的答覆當中並沒有提到。

每次，只要看到我的某個建議或意見被大家忽略，我就會再次強調，讓大家聽到。我會阻止我的主管或同事說話，以不動情緒的專業態度請大家正視這個情況。

我會說：「各位，我剛才提出一個建議，你們卻完全忽略。」即使當著眾人的面，我也會這樣做。大家終於收到這個訊息：最好不要忽略我，以及我的建議，除非他們準備在大家面前接受質疑，也有理由爲自己的行爲辯解。

我想，現在大家開始用新的觀點來看我了。

男主管拿女部屬的眼淚沒輒

我必須強調，我們大多數男人並不會刻意要女人「安分守己」，我們往往只是不太清楚，應該如何處理某些以前不曾面臨的狀況。以下就是一個例子。

問題：我有一個女性部屬，在我們解決工作上各種不同狀況的時候，常常會突然哭起來。碰到這種情形，我眞的是手足無措。身爲男性，我直覺上的反應是想要試著安慰她，但身爲專業人士，我又必須保持情緒不受影響，靜待這場暴風雨結束。

每次這類事情發生，我就很氣惱她的行爲，也覺得自己受她的情緒左右。我不知道如何輕鬆自在地把身爲男性的情緒反應，從專業的處理方式中抽離出來。

A

葛洛夫：首先，你要試著理解，情緒的表達有很多形式，哭泣只是其中一種。只不過，剛好是你不習慣的一種。

處理熟悉的情緒表達例如惱怒或挫折的跡象，你大概比較沒問題，不像眼淚那樣令你手足無措。所以，下次再有人哭的時候，只要告訴自己：「她（也可能是他）心情很糟，我必須弄清楚為什麼。」然後，遞給部屬一盒面紙，坐下來傾聽對方說話就可以了。

理性要求「同工同酬」

女性在職場遇到的挑戰中，「讓男性逐漸習慣工作環境中有女性存在」只是其中一項，此外還有薪水的問題。「同工同酬」的概念本來就是連律師與法官都覺得很難處理，因此，對於薪水問題，如何處理真實或感覺上的雙重標準，更是職場女性每天都要面臨的衝突。有些女性讀者比較急性子，可能不會喜歡我提出的解決之道，因為不見得立竿見影，但這是比較實際的做法。我相信，以重要性來看，職業生涯長遠的發展，絕對超過明年的薪水。

我看過幾個實例，為了薪資不公平鬧到一發不可收拾。員工感覺自己吃虧，對個人的薪資問題投入太多情緒，演變成意氣用事，她的首要之務就是立即解決這個問題，完全不顧慮到其他的一切。對她來說，這變成了需要消耗全副精力的重大目標，而她職業生涯的其他考量，例如她和主管及同事之間的關係，甚至還有她在工作上的績效表現等，都變成了次要目標。結果造成兩敗俱傷的局面，即使她贏了這場小衝突，但這位員工、她的工作，以及她的主管，全都受到很大折磨。

我的建議是，根據事實與推論適度施壓，但不要催得太緊，比較可能達到想要的結果，在爭取平等的過程中也不至於造成其他傷害。

問題：最近公司願意升我，這是我非常努力得來的機會。我的問題是，有個男同事做的工作和我即將接任的職位相當，賺的錢卻比公司付給我的高出很多。我想要這個職位，但我希望薪資比得上同級的男同事。但我擔心，要是大吵大鬧，恐怕會得不到這個工作。請問我應該怎麼處理呢？

A

葛洛夫：你說得對，工作還沒到手就大吵大鬧，很可能根本得不到升遷的機會。可是，假如你接受了這個工作然後大吵大鬧，就會導致大家對你感覺很差，偏偏就在這個時候，你最需要頂頭上司的幫忙與善意。

拿出風度，欣然接受升遷吧。履新之後，盡全力把工作做好，並且產出成果。等交出漂亮的成績單之後，如果仍然覺得薪水不公平，再去向主管以及負責薪資的專人（如果貴公司有的話），提出這個問題。

談這個問題的時候，盡可能多找一些佐證的事實。不能只拿另外一個人作爲比較的依據，因爲這可能導致錯誤的推論。也許那個人的條件比你強很多、經驗比你豐富，或者只是績效紀錄比較好。要求看看薪資結構，和同類工作的其他人做比較。你的目標應該是尋求可以證明的薪資平等，而不是只看調整的金額。長遠來看，這才是對你最有利的方式。

此外，男女兩性一起共事，職場上的性別特徵當然就會更加明顯可見。以下是一種比較無傷大雅的表現形式：

競爭對手與主管打情罵俏

Q

問題：我是女性，在一家大型電腦公司工作，公司最近有個升遷機會，我是受到考慮的人選。然而，另一個女性也是角逐同一職位的人選，她和我們主管比較親近，還會和他打情罵俏。我想要得到這個升遷機會，卻又不想妥協，放棄自己的原則，請問我可以怎麼做呢？

葛洛夫：我當然不認爲你應該走到打情罵俏的路線去和同事競爭！專心做你的工作。更要著重表現你之所以成爲升遷人選的特點，而且心態也要保持健康。如果你獲得拔擢，固然很好，但如果你沒得到，也不要中傷你的同事或是懷有敵意。畢竟，你不能確定那樣的結果是她賣弄風情的關係。

> 問題更大的是職場女性很難避開的「地雷區」，因為權力與影響力還有很多（說真的，是絕大部分）掌握在男性手中，女性在這樣的世界想要成功，常常必須走過這樣的危險區域。

你想工作，他想「把」你

Q

問題：大約一年前我自己開了公司。我的問題是，我很年輕，是女性，又有一頭金髮。和男客戶談事情的時候，對方幾乎每一次都想「把」我。

我想保持禮貌，可是，如果有人講話只看我的胸部而不看我的臉，我實在很難對他和顏悅色。請問成功的商場女性如何克服這個障礙，有沒有什麼方法可以運用？

這個問題實在考倒我了。坦白說，要我答覆還真讓我渾身不自在，因為我不僅不知道該說什麼，也突然強烈意識到自己是男性。所以我請讀者幫忙回答。

葛洛夫：我既不年輕，沒有金髮，更不是女性，我覺得自己沒有資格給你任何實際證明有效的建議。我希望讀者當中的職場女性幫忙，請來信告訴我，各位女士如何應付這個問題。

我的呼籲得到了強烈的迴響，來信的都是女性讀者，呈現出許多不同的方法與態度，以下是幾個例子。

R

讀者回應：我是女性，身爲商業律師，我經常需要面對男性，應付各種狀況。此外，我也參加了幾個婦女商會，所以和許多女性談過這個問題。唯一有效又不會因此丟掉客戶的方法，就是運用幽默感。從粗俗而直接的玩笑，到輕輕帶過而不著痕跡，視這位小姐可以接受什麼程度的幽默。如果女性碰到這個狀況眞的可以當成是開玩笑，並立刻想出適當的言辭反擊，那當然最好。如果沒辦法處理，可以事先想好幾則短短的機智妙語，萬一碰到狀況就能派上用場。

你如何回應男人一開始對待你的方式，就是男人未來將會如何對待你的關鍵。就某種意義來說，他們是在測試你。如果他們的言語和行爲讓你覺得很有趣，他們就會把這當成是鼓勵。如果你想要避免男人這樣對待你，不妨試試我的方法。

男人想要「把」我的時候，我會直率又有技巧地解釋，他們的興趣讓我受寵若驚，但我對那種關係不感興趣。重要的是態度務必始終如一，不要先是拒絕男人邀約，然後在離開的時候又對他送出一個引人遐思的微笑。

如果想要轉移男人的注意力不要盯著你的身材，就要穿著不易造成男人分心的服裝。如果你讓男人看，他們就會盯著看。緊身針織衫和低胸上衣留在其他社交場合再穿，不適合談公事的場合穿。選擇可以讓自己更好看的服裝，卻又不會強調你性感的一面。雖然穿著保守，有些男人可能還是會看你，但比較不會色瞇瞇地看。

如果男人心不在焉，沒注意女人在講什麼，只要稍微反應一下，或許就足以拉回他的注意力。更直接的方法就是講白一點，像是說：「我知道你不是故意冒犯，但講話的時候，如果有人不看我的眼睛，我會覺得很不舒服。」

事實是，要和男人打交道就必須有所準備。每天早上都必須做好心理準備，今天可能又會碰到表錯情的狀況。不要帶著防衛心理，碰到一點小狀況就要戰鬥，但也不要毫無防備，驚慌得不知所措。

你必須表現專業。表現不像專業人士的女性，也就不能把自己的問題怪到別人頭上。別人要怎麼對待你，確實是無法掌控的事，但你可以掌控自己的表現。

這位來信的讀者描述自己是「年輕的金髮女性」，就是問題的一個來源。一個人對自己的感覺會傳遞出去，別人就會用那樣的眼光來看她。如果她對自己的看法原本就是年輕又有魅力的女性，她下意識呈現給客戶的形象就會如此。

找客戶談事情的時候，她心理上的態度應該要像是在說：「我是專業人士，有能力，也很稱職。」有了這樣的自覺，再加上適當的服裝與舉止強調自己的專業實力，而不要帶著「我很漂亮，請喜歡我」的態度，客戶就不會把她看成是某個可以「把」的對象，因爲她很專業，再也不容易占她便宜了。

◆ 要回答這位年輕的女士，我願意談談個人的經驗。二十五年前，我發現自己碰到類似的狀況，也有同樣的感覺。然而，站在過來人的立場，我會建議你，趁現在好好享受這個「問題」。大自然早就準備了克服這類問題的方法，因爲大自然會改變我們的態度，更不用說我們的身材了。等你到了我這把年紀，有一天早上你醒來的時候，會開始回憶起舊日的美好時光，不免納悶你的「問題」都到哪裡去了。

辦公室的性騷擾

有些人運用權勢想在性方面占便宜，受害的其實不只是女性，由於同性戀逐漸合法化，也有愈來愈多人在工作場所不隱瞞同性戀的傾向，現在，男性也可能碰到同樣的問題。

問題：我是個異性戀男人，剛開始目前的新工作，但我進公司才幾個星期，已經有兩個男人且都是我的頂頭上司向我提出非分的要求。要是在工作以外的地方，我會知道

如何處理類似的狀況，因爲以前也發生過。這次情形有點不同，請問我要如何處理？

葛洛夫：無論是不是工作或是不是頂頭上司，都要打定主意保持立場且毫不含糊，對於私人的事，你只會做你想做的，不踰矩也不讓步。別人不見得一開始就懂，所以你得清楚表達自己的意思，他們才會相信你說的話。下次你的主管再來找你，就告訴他你沒興趣。說話的態度要冷靜而嚴肅，並且拜託他別再提這件事，因爲你會覺得不自在。

如果你的主管再來糾纏你，就再以同樣的方式拒絕他，但這次立即坐下來寫封信給他。信的一開始，就先解釋你寫信的目的，是爲了避免你們兩人之間可能產生的任何誤會。描述一下先前發生的事，說明你不舒服的感覺，並且再次強調你希望以後不要再有這類糾纏的舉動。你的主管看到自己的行爲被寫成白紙黑字，也許就會知難而退，因爲即使你口頭上拒絕他，他還可以找藉口不當一回事。

一旦寫了這樣的信，你們辦公室的氣氛很可能受到影響，或許永遠無法恢復。上司可能反過來指責你，在這種情況下，你可能需要請人力資源單位幫忙，或甚至尋求律師協助，畢竟性騷擾是違法行爲，你的狀況和女人拒絕男性主管占便宜並沒有不同。

但別忘了，法律可以禁止性騷擾，卻不會提供良好工作環境。極有可能的狀況是，你與主管的工作關係會變緊張，而且感覺不舒服。如果走到那個地步，你大概也無能爲力，最好的打算可能是另謀高就。人生苦短，不該花時間爲對你懷著恨意的主管工作。

第19章 是、非、對、錯的掙扎

如果你的主管告訴你，先做甲案再做乙案，你大概會接受他的權威，以此訂出優先順序。如果他要你如何如何安排給客戶的簡報，你也會聽從他的指示。但是有時候，你會碰到一些狀況，讓你覺得主管可能沒有權利叫你做某些事。有時候，你可能會目睹一些事情，讓你感覺非常不安。你到底應該隱忍不言，還是應該採取行動？如果採取行動就表示你需要冒險，你會怎麼辦？

報紙披露了一些比較嚴重的這類案例，這些人簡直是聲名狼藉。商界聞人因為走了不合法的旁門左道而入獄服刑，員工因為揭露公司見不得光的行為而被開除。一個普通的上班族，也可能無意中目擊或是被捲入令自己良心不安的行為。他該怎麼做呢？我們的界線應該畫在哪裡？如何分辨是非對錯？

我該不該向高層反映？

問題：我在一家大公司工作。附近沒什麼人的時候，我常看見我主管拿公司的貨出去，放到他車上。我們有一套詳細的文書檔案系統，但這些貨完全沒有登錄。我曾經問過主管，要不要我把他拿出去的東西登記下來。他說不用，這是公司欠他的。事情發生的次數多了，讓我愈來愈煩惱。請問我應該把這種狀況告訴更高層的主管嗎？

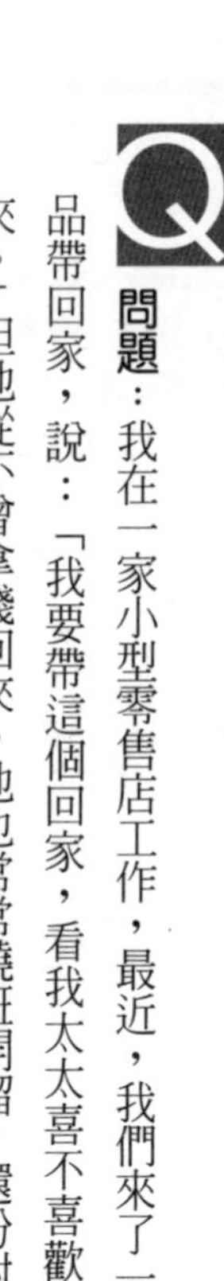

問題：我在一家小型零售店工作，最近，我們來了一個新店長。有好幾次，他把商品帶回家，說：「我要帶這個回家，看我太太喜不喜歡。如果她喜歡，我明天就帶錢來。」但他從不曾拿錢回來。他也常常蹺班開溜，還吩咐我們，他不在店裡的時候，如果總公司打電話來，就要幫他掩護。請問你會建議我們怎麼做？

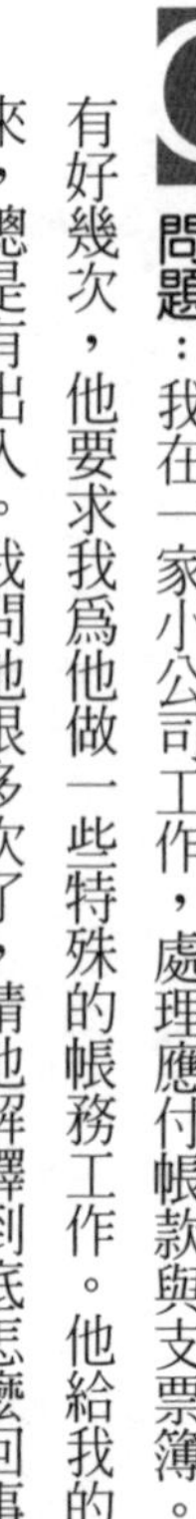

問題：我在一家小公司工作，處理應付帳款與支票簿。我的頂頭上司是財務主管，有好幾次，他要求我爲他做一些特殊的帳務工作。他給我的數字和公司帳簿常常對不起來，總是有出入。我問他很多次了，請他解釋到底怎麼回事，但他總是閃爍其辭，不肯給我直接的答案。我對這些業務感到非常不安，但我對會計知道得不夠多，無法確定是不是眞的有問題。我是不是應該去找公司總裁，向他說明我的疑慮呢？

Q 問題：最近，我們公司撤掉了一個非常能幹的經理，換成另一個人。照理說，新任經理之所以坐上這個位子，是因爲他有公司特別需要的背景。

後來，大家才發現，這位新人對於這門生意所知甚微。此外，他喝酒喝得很兇，就連上班時間也喝，已經妨礙到他的工作表現。他告訴我們，絕對不能向公司老闆提到這件事。我並不想越權去管不屬於我份內工作的事；坦白說，我擔心會有什麼後果。可是，假如不採取行動，業務運作一定會出問題。請問我該怎麼辦呢？

Q 問題：我是便衣保全人員，負責抓住在店內行竊的人。我很擔心我主管的酗酒問題，他來上班的時候，甚至可以聞到酒味！其他主管有幾個是他的好朋友，也似乎有意幫助掩蓋他的惡習。

如果我向上級打小報告，這些人可能會報復我，我甚至可能被開除。請問你能不能建議什麼別的方法？

葛洛夫：以上幾位讀者都碰到了道德上左右爲難的困境：你們已經發現就職的單位很可能有人違反了道德，或許甚至違反了法律！但是採取行動極有可能造成你自己陷入被報復的危險，因爲被指控的人都握有實權。

各位努力想找出正確的行動方針，我建議各位做個心理測驗。想像你面對著一群人，這些人對你非常重要，你很重視他們的意見，也希望得到他們的敬重。他們可能是你的配偶、好友、父母、兒女……或者可能是貴公司的一群高階經理人。現在，想像你必須向這些人解釋，碰到這些狀況，你到底採取什麼行動、態度如何。

如果你不採取任何行動，那就想像你在這個假設的情況下，你要解釋爲什麼你沒有採取行動。你的解釋聽起來有說服力嗎？還是一想到必須說明自己爲什麼視而不見，你就會覺得畏縮不前呢？

任何人都不能毫無掛慮地告訴各位，碰到這種狀況應該怎麼辦。然而，這種心理測驗有助於釐清你們自己的想法與感覺，你可以把你的想法與感覺列舉出來，並拿你們人生抱持的價值觀來做比較。

除了去找老闆或某個高階經理人舉報某個偷竊或有酗酒問題的主管，眞的沒有什麼選擇餘地。（一想到酒精中毒的保全主管可能造成的損害，我就會發抖！）如此一來，毫無疑問的，你就會陷入相當危險的情形。雖然你可以要求保密，但也實在很難保證。

如果各位決定採取這樣的行動，那就要找出你們單位裡面（以工作性質來看）可能認眞看待你們怨言的人。如果是大公司，我會去找內部稽核小組或是人事主任；如果是小公司，就去找公司的最高負責人。

真正的選擇在於：到底是要做對的事而承擔風險，或是沉默不語而盼望能避開風險。只有你可以做這個選擇，因為必須承擔後果的人是你。而且，無論你怎麼做，可能都要承擔負面的後果。

主管與同事集體舞弊

Q

問題：過去四年，我在一家公司工作，在那裡，只要可以出貨，隨便用任何需要的衡量尺度都可以。

有幾個資歷較深並且信得過的部屬向我保證，我們執行長沒有察覺到當前發生的狀況。執行長寫的一些文章以及他做的多次演講，確實讓我相信這一點。嗯，長話短說，總而言之，我去找他，談到集體舞弊以及正在發生的不法活動……如今，我失業了。

對於身爲中階主管的人，要處理爲公司執行非法活動的各種壓力，請問你會如何建議呢？

A

葛洛夫：對於你的作爲，我深感敬佩。任何公司都不該有這樣的期望，要員工爲了公司而違反法律。去一家公司工作時，大家應該要有共識：你盡最大努力與知識爲雇主的利益做事，換取薪資所得。至於違法的事，怎麼也不可能包含在這份契約裡。

如果你是因爲那樣的態度而丟掉工作，長遠來看，對你可能還比較好。記住，要是你做了違法的事，你的雇主可不會爲你去坐牢。

撞見同事在嗑藥

經理人還扛著一個額外的負擔：因為在組織當中，他們是其他人的榜樣，所以一舉一動都受到大家的詳細檢視。涉及道德層面的時候，主管的行為會樹立其他人遵守的準則。

Q

問題：我是高階經理人，最近受邀到一個部屬家裡參加喬遷宴會，慶祝他搬新家。在我部門工作的人當中，有大約三十五個年輕專業人士也出席了。

在那裡的時候，我注意到有一群人聚在外面的露台上。我想我當時實在太天眞了，我決定走出去，看看能不能加入他們的談話。沒想到，他們正在吸大麻，還準備了其他毒品。看到我的時候，他們很不自在，但拿了一些給我，我謝絕了。

我實在不知道該怎麼辦。我當時很驚慌，簡直是出於本能就拒絕了，我到現在想到還是會怕，事情發生得太突然了。我並不想疏遠任何人，但我也不願意表現出認可那件事的樣子。我自己不用毒品，但現在我知道我們公司有些人嗑藥。我是不是太保守了？後來，誰也沒提到這件事，但這或許會成爲我最後一次受邀的聚會。

葛洛夫：你拒絕是對的，完全正確，至少有兩個理由。首先，有疑慮的時候，最好的方法就是忠於自己。你既然不吸毒，所以又何必改變自己的行爲？要是你願意接受大麻，唯一的理由也是因爲團體的壓力。事後，你對自己必然會很不滿意，也會失去部屬對你的尊敬。

另一個理由同樣有力。雖然那次是私人聚會，但你們部門有很多成員在場，所以顯然與工作場所密切相關。在當時的狀況下，無論你是否喜歡，你的一舉一動就不只是私人行爲了。你對嗑藥場面的反應就傳達了公司的政策，比起一堆公司章程更強大有力。

或許以後再也不會有人邀請你參加聚會，但你拒絕嗑藥可能會帶給其他人堅守立場的力量，下次再有人提供毒品，他們會有勇氣拒絕。我認爲那是一件好事。

想升官就先接受驗毒

毒品的存在，以及大家對毒品的各種處理方式，已經成為職場不容忽視的大問題。毒品檢驗也逐漸成為處理這個問題的可能方法之一，不過，這個方法引起了正反雙方的強烈反應，以及大眾的深思。

問題：我在一家公司工作多年，希望不久之後可以升到主管職。最近，我聽到一些傳聞說所有主管都必須接受驗毒。我一點也不喜歡這樣，我覺得這侵犯了我的隱私。只要我做好份內的事，而且表現優良，那麼工作之餘做了些什麼應該是我自己的事。現在，我已經不確定自己是不是那麼想要調升，願意爲了當上主管而接受驗毒。我也會擔心，假如我退卻了，大家就會認定我有嗑藥，但其實我沒有。

我不知道該怎麼做，請問你有任何建議嗎？

> 我徵詢讀者對這個問題的看法，甚至鼓勵他們匿名來信。我收到非常多的回響，出乎意料的是，大多數的來信都有署名！

讀者回應：身爲專攻不當解雇法令的律師，我相信，要是爲了拒絕驗毒而開除表現良好的員工，這應該是不合法的。遺憾的是，對這個問題，因爲法院還沒做出實際的裁決案例，誰也不能說這樣做是否合法（註：美國為不成文主義國家，採用判例制度）。

這種驗毒風潮，讓我聯想到一九五〇年代宣誓效忠的信心危機。當時有人因爲拒絕簽署愛國宣言而被迫失業，即使他們本身是愛國人士，而且過去的工作表現非常優秀。如今，情形有點類似：即使員工沒有吸毒，而且工作表現良好，還是會被迫驗尿。後來，宣誓效忠的要求終於被認定違法，同樣的道理，我相信，要求工作績效表現符合規定的員工接受驗毒，也會被法院否決。

我給這位員工的建議是：開始另謀高就。等你找到工作，就告訴你們經理，你對驗毒非常反感，你希望自己工作的公司，能夠以績效作爲工作成就唯一的評量標準。

反對驗毒的人抱怨自己的權利受到侵犯，但雇主的權利又如何呢？不碰毒品的同事，他們的權利又如何呢？坦白說，如果我的公司要求驗毒，我會欣然接受。

缺乏生產力的狀況時常發生，我不能說這都是毒品的關係，但我確實相信，吸毒的人不會有生產力。我覺得，這是美國與日本之間的極大差距，就是因爲毒品濫用影響了國家的生產力！

如果個人嗑藥的行爲並不明顯，要是沒有驗毒，他的主管根本不會知道，那麼，員工吸毒眞的是工作上的問題嗎？顯然不是。

我覺得，提倡驗毒的眞正原因，並不是生產力與安全的關係，而是因爲道德上的公憤。但我並不覺得道德理由夠充分，可以罔顧公民的隱私權利。

這類化驗基本上就是先認定人們有罪，迫使一個人在眾目睽睽的羞辱場面下證明自己的清白。所以，我徹底反對在工作場所驗毒的規定！

吸毒是違法行爲。這是一個嚴重的公眾問題，也是企業生產力受損的根源之一。雖然驗毒相當令人反感，也不怎麼體面，但我認爲公司有權保護自己，這樣做並不過分。

我認爲，要是有人願意接受這種有失尊嚴的事，我們應該爲他們鼓掌喝采，因爲他們爲大家樹立了榜樣。我們並不會反對以吹氣酒測來防止酒後駕駛，而且，近幾年來，酗酒的人在我們心目中的形象，已經從很有男子氣概變成可憐蟲。我認爲，對於嗑藥的人，我們也應該採用同樣的做法。

「侵犯隱私」的說法根本就是媒體以及某些人的惡意扭曲，企圖貶低、中傷及敗壞雷根政府爲了打擊美國當前最嚴重的社會經濟問題之一所做的一些非常積極正面的努力。爲了保護大多數人的安全與福祉，社會大眾有權知道毒癮的問題。

身爲企業家與雇主，我大力支持公司有權利開除績效不彰的員工。可是，執行驗毒的單位要如何告訴我，誰的工作表現很好，誰又沒有好好工作呢？

❖

我以前是感化觀護員，看到這一切愚蠢的行爲，我只能搖頭表示困惑不解。或許，只有在非常特殊的狀況下，例如某個飛航管制員有嗑藥的嫌疑，我可以看出這種做法的意義。但至於其他人……那些提倡驗毒的人，眞的知道自己在說什麼嗎？

舉例來說，有一些廣爲流傳的作弊手法，可以換成「乾淨」的尿液來代替，難道他們打算站在旁邊觀察檢體如何取樣，確保受檢者沒有作弊嗎？請各位相信我，嗑藥的人對這些作弊花招熟悉得很。

這充其量只是一個象徵性的解決之道，卻嚴重浪費大家的時間、金錢及心力。

❖ 如果員工是清白的，為什麼不願意接受呢？拒絕接受檢驗，對誰都沒有好處。

❖ 除非尼古丁與酒精也包含在內，否則，工作場所不應該執行毒品檢驗。

❖ 一個嚴重的問題就是，無法避免可能會把不嗑藥的人驗成陽性反應。這類化驗的精確度其實問題很大，即使重複檢查也很難保證。即使驗毒可以達到百分之九十九的準確度（這已經是非常非常樂觀的假設了），還是會引起嚴重問題。如果員工嗑藥的比例很低，假設百分之五好了，那麼簡單計算一下，每五個驗出有嗑藥的人當中，就有一個是化驗有誤，他其實並沒有嗑藥。所以說，這顯然是不能接受的。

❖ 一位毒理學家的來信：

尿液當中有沒有毒品殘留，以及當時因為嗑藥對身體造成的損傷，兩者之間基本上沒有任何相關性，就像驗血測試酒精含量的例子一樣。這種缺乏相關性的問題，代表了尿液驗毒的重大限制之一，因此，並不能回答大家最關心的問題：這個人是否因爲嗑藥而損及工作能力？

摘錄自美國職業醫學協會報告，標題是〈工作場所用藥篩檢的道德規範〉：

任何篩檢是否用藥的規定，應該要根據執行業務的合理必要性。這類必要性可能涉及個人、其他員工或大眾的安全；保全方面的需求；工作績效表現的相關要求；或是特殊公眾形象的要求。

我仔細研究眾多讀者的回應，以及同事給我的建議，我必須很努力思考正反雙方的意見。坦白說，我發現自己的立場換了好幾次。

每當我為了某個職場上是非對錯的問題而困惑不已的時候，我喜歡回歸基本原則，並且提醒自己，企業的首要之務就是必須照顧三群人：顧客、員工，以及股東。除非我們可以對得起這三群人，否則就不應該擅自企圖糾正其他方面的錯誤。

我覺得，要對員工採取驗毒措施，就必須訂定最嚴格的準則，因為這很可能會引起某些嚴重卻不是有意造成的後果。其中一個原因是，從統計上來說，一定會發生明明沒嗑藥卻背上不實罪名的情況，這麼一來，完全清白無辜的人未來的職業生涯可能受到殺傷力極大的影響。

另一個後果是很可能造成員工之間的對立。從我收到的來信當中，明顯可以看出人們對於這個主題的感受非常強烈。暫且不問是非對錯，大家都堅持自己的觀點，要是採取大規模的驗毒措施，就會造成員工互相敵對。沒有幾家企業承受得起這種有如內戰的情況，也必然會傷害到公司要照顧的三群人。

因此，我提出以下的看法，作為總結。只有在兩種狀況下，要求員工接受驗毒才有道理：第一是如果工作績效表現低劣、釀成災禍，或是發生意外事故，懷疑原因可能涉及嗑藥的時候；第二是美國職業醫學協會所說的「執行業務的合理必要性」。

為了確保我們對一個人的驗毒是合理行動，我們可能會考慮：在同樣的情況下，我們會不會要求這個人接受徹底的身體檢查？如果答案是肯定的，納入驗毒程序才算合理。如果不是，執行驗毒就會招來非議。

舉例來說，飛航駕駛員應該符合「執行業務的合理必要性」條件，他們也必須定期接受體檢。如果要求他們同時接受體內是否有藥物殘留的檢驗，我看不出有什麼理由要反對。但反過來說，未來可能擔任主管的人，升官之前通常不需要接受體檢。因此，規定他們必須接受驗毒，我就看不出有什麼邏輯了。

至於最先來信提出問題的讀者，應該怎麼做，我建議如下。

A **葛洛夫**：對於這樣一個屬於「私領域」的決定，我們誰也不能、更不該給你建議。但我希望以上讀者來信所呈現的各種看法，以及我個人的意見，可以協助你釐清自己的想法，讓你做出深思熟慮的決定，而且是你可以接受、不違背自己人生價值觀的決定。

如果你覺得自己夠勇敢，或是可以毫無顧忌地這麼做，現在，在公司正式宣布相關政策之前，就可以立刻寫下你對於可能要接受驗毒的感覺。寫一封信給公司最高主管或老闆，解釋你對這件事的看法與理由。也許因爲雙方的意見相持不下，贊成與反對的人數極爲接近，那麼你個人的信念可能會影響最後的決策。

爲省人事成本耍詐

有些道德方面的問題具有足夠的重要性，如果你輸了，就應該乾脆離開公司。如果你工作的機構本身在道德上就不健全，你就應該趕快走。在這種地方，即使你努力爭贏了一次小小的衝突，到最後，你還是註定要輸的。

問題：我在一家銀行工作，屬於兼職辦事員，處理開戶業務。這個職位沒有提供任

何福利，也沒有最低薪資保障。理論上我是兼職員工，但一星期通常工作四十小時。此外，因爲我曾是這家銀行的出納員，所以主管常要求我幫忙做出納的工作，卻沒多付薪水給我。碰到這種情況，我就坐在新手出納員旁邊工作，而他們賺的錢比我還多。

我找人事主管談過這個狀況，但他幫不上忙，因爲銀行政策根本不允許臨時雇員做出納的職務！

如果我一星期做滿四十小時的工作，難道我不應該享有福利嗎？如果銀行沒有按照出納員的標準付我薪水，我還應該繼續做出納的工作嗎？請問我應該怎麼做呢？

A

葛洛夫：在我看來，這家銀行之所以使用臨時雇員，並不是爲了舒緩工作負荷，而是另一個完全不同的意圖，這只是一個用來減少人事費用的卑劣手法。違反政策的事實明明擺在眼前，人事主管甚至不願意承認有這種狀況存在。這彷彿是從《第二十二條軍規》小說直接搬出來的情節一樣（註：表示制度上有先天缺陷，迫使人們做出不合規範的行爲），既然如此，想要獲得滿意的解決，我認爲你沒有太大希望。那個地方聽起來糟透了，我建議你還是另謀高就。

大多數是非對錯的問題，都屬於「他們是否可以……？」以及「我是否應該……？」的類別。公司對你的要求或規定，有些可能令你覺得很麻煩或不愉快，卻是在雇主合理權利的範圍內，但也有一些規定並不合理。你要如何判斷是否合理呢？這就要盡量運用你的常識及客觀態度，針對各種情況加以考量。

經理連服裝儀容也要管

問題：我在劇院工作，擔任引座員。最近，我剪了個新潮的髮型，確實與眾不同，但還不至於有失體統。我們經理不喜歡我的髮型，罰我停職兩個星期。難道經理有權管到員工的髮型嗎？請問這樣對嗎？

A

葛洛夫：你的主管對於呈現給公眾（他的顧客）的形象負有責任，當然希望接觸顧客的一群員工穿著與打扮必須適當，至少不要引起顧客反感，畢竟，最終還是顧客在付你的薪水。

所以說，是的，他確實有權管妳外貌儀容方面的大小事，這樣並沒有錯。至於判斷怎麼樣才算適合，他可能不見得都對，就像他挑選的表演節目不見得每次都對，但這必須由他來判斷。

下班後的應酬太多

問題：我從事銷售方面的工作，是一家小公司的業務。招待客戶也是我份內的工作，一星期有好幾個晚上要應酬，帶不同的客戶去吃飯。

最近，我的主管也就是公司的老闆，要求我參加幾個社交活動，例如職業團體的聚會，這些聚會全都是在晚上。這些活動和我們的業務毫無關係，我老闆認爲，我很可能會認識一些人，這些關係以後可能用得著，他說：「很難講！」

我認爲這些活動沒有必要，很不合理，根本就是占用我的私人時間。請問我老闆和我到底誰對呢？

A

葛洛夫：你和老闆都不一定對，也不一定錯。且讓我建議一個大原則，或許可以協助你們兩位做理性的決定，看看到底要怎麼做。

首先，你們應該講好，你一星期有幾個晚上要參加與業務相關的應酬。談定應酬次數之後，下一個問題就是，這些晚上的時間要如何做到最有效的運用。你和老闆應該共同做決定，到底是帶客戶去吃飯比較有用，還是應該去參加你所說的社交活動，然後，你們可以擬出幾個原則，到底要選這個應酬或那個應酬。

重點是，雖然這些活動都有一些用處，不過可能沒有一個是最關鍵的。你和老闆需要判斷哪些活動對你們的生意幫助最大。叫你兩樣都做，只是企圖逃避需要取捨的選擇而已。

公司祕書不是私人祕書

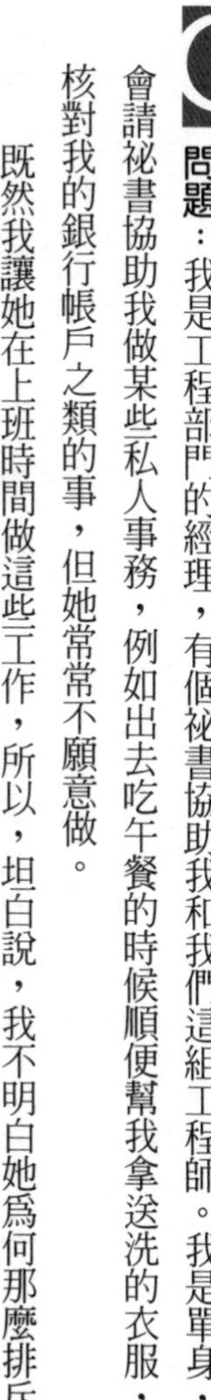

Q 問題：我是工程部門的經理，有個祕書協助我和我們這組工程師。我是單身，所以會請祕書協助我做某些私人事務，例如出去吃午餐的時候順便幫我拿送洗的衣服，還有核對我的銀行帳戶之類的事，但她常常不願意做。

既然我讓她在上班時間做這些工作，所以，坦白說，我不明白她爲何那麼排斥。她說這不是她份內的工作，但我看不出她有什麼理由抱怨。請問我的想法是對是錯？

A 葛洛夫：除非你的祕書本來就是特別找來幫你處理私人事務的，等於是公司給你的福利，否則你的做法非常危險。雖然有可能勉強詮釋爲公事，因爲她爲你執行的私人事務最終有可能對公司有好處，但你必須畫出這條界線。問題是，界線要畫在哪裡。所以，我建議你用以下準則來衡量：

如果她執行的工作對公司的業務有直接的幫助，那就可以。所以，爲你業務往來的信件打字、爲你收發傳眞或其他訊息，甚至開業務會議時準備咖啡，都是她份內的工作，完全恰當合理。但是，幫你拿送洗的衣服、核對你的銀行帳戶，或是安排你私人的聚餐，都是屬於爲你個人執行的服務。

以這種方式運用祕書等於是公器私用，和挪用公司資產作爲私人用途沒有區別。有些人可能會辯解說，開公司的貨車回家做私人的雜務，或是拿公司的文具做私人用途，等於是間接幫助公司。這類說法很危險，也是很站不住腳的藉口。

在我看來，你的祕書不願意執行私人事務，她的理由很充分。

主管強迫我幫他處理私務

當然，知道是非對錯和實際去做是兩回事，如果有必要的話，還是要吃一點小虧。

問題：我讀了你的專欄，有一位先生希望他的祕書幫他去拿送洗衣物和核對帳戶等

等，我有類似的問題。我是維修設備的技術人員，我們部門處理公司的維修需求。前些日子，有個部門經理把我拉到一旁，說他碰到蓋房子的問題，要我協助他處理。

他的位階很高，所以我會怕他。我覺得被利用了，而且壓力非常大。假如我拒絕了，而他因此刻意找我麻煩，我又能怎麼辦呢？請問我應該怎麼說？

葛洛夫：你們主管強迫你爲他處理私人事務，這絕對是錯的。可是，我也很猶豫，不敢建議你拒絕他的要求。從你信中的語氣看來，讓我覺得你的處境可能眞的相當危險。對於你的問題，你要用什麼方式去處理，取決於你能夠承擔多少風險。

試著在人事部門找到某個可以協助你的人，願意聽你說明這個問題，並且爲你保密。如果日後這個經理爲難你，人事部門的介入也許可以保護你。

雖然我們可能對職場上某些人的做法很不以為然，但不見得都要因此大力抗爭。有時候，接受某種你不喜歡或不贊同的做法，反而是更適當的行為方式，根本不需要小題大作或激烈抗議。以下就是兩個例子。

有些小事不必太在意

問題：有件小事讓我覺得很煩惱。每次，我們主管打電話找我的時候，他會請祕書撥電話，而且總是要等到我已經接聽電話，他才會上線。我是看不出這有什麼嚴重的錯誤，但我還是覺得不太愉快。請問這種做法適當嗎？

葛洛夫：我必須承認，長期以來，我自己對這種做法很不以爲然，我也認爲這基本上有什麼地方不對勁。要是有誰請祕書打電話來，意思就等於是在聲明，他的時間比你的時間更寶貴：你在線上等他接電話沒關係，但讓他等你就是在浪費他的時間。當然，若說另一個人的時間比你的時間更有價值，這是完全有可能的，但其實他也不用大張旗鼓地提醒你，讓你難堪。

話說回來，這也不是什麼大不了的事。頂多像是有人讓也不讓就搶在你前面走出門口那種狀況。是不夠禮貌，但也不值得小題大作，抱怨不停。所以，雖然我對這件事的感覺和你一樣，但我還是建議你，算了，不要太在意。

主管躲在庫房睡覺

問題：我在一家電子公司上班，在出貨與進料的區域工作。我們新來一個主管，他人還不錯，唯一的問題是，他會在庫房裡睡覺，差不多每天都睡一小時左右。

有時候，有些事情需要處理，但我不確定要怎麼做。請問我應該叫醒他，還是把他的狀況告訴他的上司？還是讓他繼續睡，不去打擾呢？

A

葛洛夫：我認爲，你倒不需要打他的小報告，這種狀況不像是什麼緊急的大事。時間一久，他上面的經理也會發現你主管的習慣，並且做適當的處理。如果你有事要找你主管，那就公事公辦，把他叫醒，也不必道歉。他領薪水就要做他份內的工作，所以，每次有需要的時候，就去叫他起來做事吧。

第20章 五個最重要的原則

這像是一次旅行，你我一起走過一條漫長的道路，職場上的形形色色，就像是我們看到的風景。我們看到了人們遇到的問題，包括同事之間的問題、主管的問題，還有部屬的問題。運用常識講理以及坦率待人的態度，通常可以找到正確的解答，這個原則就像是我們的羅盤。

在這裡，我也有幾句話要提醒讀者注意。管理的領域充滿了各式各樣的迷思，以及風行一時的浪潮，簡直是多如牛毛。在我擔任經理人的二十年期間，出現了許多大家掛在嘴邊的專業名詞，以及有如靈丹妙藥的管理實務，都是流行一陣子之後就慢慢退燒，最後逐漸消失，由新的理論取而代之。比方說目標管理、主動傾聽、矩陣式管理、品管圈、參與式管理、X理論／Y理論，美國人對日本管理作風幻想出來的各種理論……，其用意都是要讓工作更加順利，每一項也都多少包含了寶貴的哲理。但是，我們往往想要把這些理論當做現成的範本來使用，而不是徹底思考我們的問題，並想出我們自己的解答。

有些理論的用意良好，原本的觀點也妥善適當，最後卻誤導企業偏離正道，這樣的例子太多了。當前最流行的口號之一，就是我們需要更密切關注我們的顧客。的確，沒有人會說這句話有什麼不對。但顧客又是誰呢？理所當然的詮釋，顯然就是購買公司產品或服務的人。可是，如果你負責管理一群行政人員，從沒見過公司的顧客，又該怎麼辦呢？難道你應該丟下處理採購訂單的工作，親自跑外勤，去敲顧客的門嗎？

運用常識，就知道你還有很多更恰當的事情可以做。無論你做的是什麼工作，你都有你自己的「顧客」，他們往往是公司內部的人：有些人需要依靠你的工作，以便做好他們的工作。理解他們的需求、問題以及滿意度，那些就是你需要努力的事，而不是無意義地到處奔波，拜訪客戶。

重點是，雖然更密切注意顧客的需求這個建議很有道理，但你不能照單全收就算了。你必須徹底思考：針對你自己的特殊狀況，這句話對你有什麼意義。否則，你很可能會在原地打轉，徒然浪費你自己的時間，也浪費別人的時間。

如何管理明星員工

再舉一個例子。我們都知道，企業的很多成果與績效，往往是由整體勞動力當中極少數的幾個人做出來的。這也就不難理解，為什麼每一家企業都必須好好照顧這幾個「超級明星」。但是我們也知道，大多數的公司只要改善員工之間的團隊合作，就能大幅提升績效表現。這兩個概念彼此衝突，對少數幾個人照顧得太多，很可能引起其他員工忿恨不滿，而這就會妨礙彼此的合作。

事實上，現代社會最重要的進展之一，就是階級差別逐漸減少。如果我們給明星員工的待遇和其他員工差異太大，最後可能是打破了舊的階級差別，卻又建立了一個新的階級差別，如此一來，團隊合作還是會受到負面影響！

問題：管理「超級明星」最好的方法是什麼？和其他員工比起來，我是不是應該多給這些明星員工各種津貼與獎金，並給他們不同待遇？

葛洛夫：可以是可以，但只能到以下這個程度：只能以對公司最有利的方式，安排明星員工做一些最能發揮特殊才華的專案。你要多花時間與他們相處，熟悉他們工作的詳細狀況，盡你的能力多給一些意見回饋。此外，根據個人的貢獻給予應得的報酬。但是，千萬不要把他們當成某種特權階級，給他們差別待遇。

換句話說，要把他們逼得更緊嗎？可以。要幫他們加薪嗎？當然可以。給他們專用車位呢？那可不行！

目前，「創業精神」是很熱門的話題。一般認為，美國經濟過去的優良表現，創業精神的功勞很大，這種說法確實有道理。不過，我們往往太過讚揚「創業家」，也就是創造新點子的人，卻忘了進步發展同樣要靠「執行者」與「實踐家」來推動，他們就是讓好的點子可以開花結果的人。在我們把創業家當成偶像崇拜的同時，也務必向實踐家致敬，把他們放在同樣的高度，給他們同樣的讚譽！

要怎麼做呢？除了歌頌與宣傳開創者的貢獻之外，同時也要表揚執行者的貢獻，更要給兩個人公平的報酬獎勵。我們必須牢記，再怎麼好的點子都得產生可測量的實質成果，否則都是徒然。

最近，「企業文化」也是大家流行談論的話題。我絕對不會輕視企業文化的重要性！強大的企業文化就像是看不見的手，引導企業組織當中事物運作的方式。「你在這裡就是不能那樣做！」這樣一句話力量極大，比起任何明文規定的章程或政策規範更有力。我也認為，我們最近更深刻體認到企業文化的力量與重要性，這是很有利的發展，但大家對企業文化的想法過於天真淺薄，這就很遺憾了。如今，我們常常聽到有人說：「我們的文化不對，我們必須改變。」說起來好像非常簡單似的！

中階主管是變革的關鍵

Q

問題：我在一家大公司工作。最近，我們公司進行大規模改組，換了一個新總裁。上任幾個星期之後，他發了一份備忘錄給全體員工，說我們大多數的問題，都是由於員工之間缺乏協調合作與團隊精神而造成的。他承諾要改變我們的文化，解決這個問題，也讓我們彼此之間的合作能夠更加密切。

這有可能做到嗎？我是有點懷疑。

A

葛洛夫：這要看你們總裁用什麼方法。想要達成這樣的改變非常困難，因爲公司從上到下各個階層都要徹底改變。大型組織有很多管理階層，想要造成文化方面的改變，也就是價值觀與輕重取捨的慣例，發生某種持久的變化，要透過這麼多層的傳遞而沒有任何扭曲，實際上是不可能的。

企業在草創初期，組織文化很容易建立。記得我讀過相關的報導，卡特總統試圖把「目標管理」的概念導入聯邦政府，效果顯然不怎麼好。聯邦政府如果眞要實施目標管理，早在美國第一任總統華盛頓的時代就該開始了。

想要改變整個組織的運作方式，就必須獲得全體中階經理人的支持，他們要成爲推動變革的媒介。唯有最高階的主管直接並且深入和眾多中階經理人溝通，才能做到這一點。這個任務非常困難且曠日費時，而且沒有其他捷徑或替代方法。

中階經理人確實有能力改變他身邊的環境。這樣的範圍夠小，而且可以充分照顧到，所以導入變革就能相當迅速。舉例來說，一個經理可以在自己的團隊或部門導入目標管理的實務，做起來比較容易。同樣，他可以影響自己直接督導的人，改變部屬之間的開會方式或決策過程。

所以，關於公司內部團隊合作的程度，如果貴公司的總裁要做到任何改變並發揮持久的影響，他就需要盡力與公司的中階主管合作。他要跑到中階主管的環境裡，親自去看看他們如何經營，並且發揮他的影響力去調整他們的做事方法。那麼，經過一段時間之後，這些中階經理人就會改變自己的做事方法，也會把這種新的作風帶到他們自己的團體，就好像培養很多門徒一樣。雖然這或許是一段漫長而費力的過程，卻是改變公司行事作風與企業文化的唯一方法。

最後，我希望談談最基本的事情……

最重要的五個原則

本書從經常指責部屬的主管開始，最後談到企業文化。回顧與省思本書的內容，我發現了幾項特別明顯的重要原則，願與大家分享！

第一，樂在工作，這一點非常重要。對於你的工作，當然不可能全部都喜歡。有時候你會因為工作的壓力而焦躁苦惱，有時候你會厭煩，但整體來說，你必須喜歡自己的工作。我相信，如果可以看出自己做的事有用，而且處理工作的方式帶有一點趣味，甚至很好玩，大多數的人都會喜歡自己的工作。樂在工作，可以在最需要的時候帶來一點輕鬆的變化，更有助於建立同事之間的情誼。

第二，完全只看工作的本質，重視結果，也就是產出；而不是看這個差事怎麼會落到你的頭上、是誰出的點子，或是你有沒有面子。

第三，對於看重自己工作的人，你也要看重他們的工作，從副總裁到營業員，從維修技工到保全警衛。沒有誰是不重要的，因為經營一個運作良好的組織，需要所有階層以及所有員工的努力。

第四，坦誠對待每個人。別人對我不眞誠的時候，我會非常厭惡，如果我對別人不坦率，我也會憎恨自己。這並不是一項容易堅持的原則，因爲總是有太多理由（說是藉口還比較適合），偶爾會在一些地方稍微妥協。我們可能會推想，別人還沒有心理準備，不適合聽到眞相或壞消息，或是時機不恰當，其他諸如此類的理由。這是人性的弱點。然而，因爲這類藉口而讓步，通常會造成道德上可能有錯的行爲，最終反而會帶來不良的後果。

第五，碰到困難的時候，務必停下來徹底思考目前的狀況，想通透之後，再找出你自己的解答！

初版推薦序一

管理知識工作者，更要合乎人性！

許士軍（逢甲大學人言講座教授）

如何藉由管理創造組織績效，雖然涉及到「物」的運用和組合，但是眞正的關鍵應該在於組織中成員的通力合作，原因在於：「人」的因素不像「物」的作用是可以事先規畫和掌控的；每個人以及人與人間所產生的作用，高低之間可以自完全負面到極大的正面。多年來，人們用「群策群力以竟事功」這句話來形容管理的功能，就是凸顯人與人間的努力與合作的重要。

葛洛夫在本書中所討論的，就是有關一個組織成員怎樣有效處理他和他人（包括上司、部屬）之間關係的問題。特別的是，葛洛夫不談某種理論或一般的原理、原則或方法，而是針對一個個活生生而現實的問題，給予個別答覆。因此讀者將會發現，他的答案是具體而易懂的。

譬如像這樣的問題：「身為經理人，對於自己部門裡面所有的工作是不是都要做得來呢？」又像「我是商業科系學生，希望日後可以成為高階主管，而且最好是在高科技公司。對於這樣的生涯規畫，我應該如何做好準備呢？」這類問題聽起來，豈不是一般經理人（包括現在或未來的）藏在內心而十分渴望能夠獲得指引的疑問嗎？

討論在組織中如何與他人相處，必須要置入時代背景的廣泛脈絡中才有意義。在傳統組織中，人和人間的關係與其相處之道是受到高度限制的：這種限制，一方面來自有形的組織層級和職位；譬如說，一個人該做些什麼事、和哪些人往來、該聽誰的，又如事情該怎樣做，都有一定的範圍和必須遵從的程序；何況，在傳統組織中還存在種種無形的傳統和成規，也使得一個人動彈不得，難有自由發揮的空間。

在這種傳統組織中之所以給予每個組織成員多重限制，不是沒有理由的。因為在一個工業化社會中，組織的效能主要來自機械的生產力以及效率的提高。在這種先決條件下，所期望於工作者的，就是他必須配合機械的運作規律，盡量求其熟練和準確，而不是發揮其創意和判斷。在這種機械模式下，個人行為及彼此互動關係都是被高度制約的，因此討論組織成員間如何相處是沒有多大意義的。

然而一旦進入知識經濟時代，一個組織之價值並非來自機械的大量生產和效率，而是來自工作者的創意和創新，尤其是團隊合作。這時組織必須給予工作者更大自主和自由的空間，因而才會出現了人們如何相處這種問題，這是我們閱讀本書所應認識的組織背景。

值得提醒的是，葛洛夫在本書中不提供什麼「錦囊妙計」或「萬應藥方」。因爲，管理就是要從做中學。葛洛夫想強調的，也是貫穿全書的，則是兩種基本價值觀念和工作態度：「誠實」和「快樂」。

人們常說最上乘的武功是無形的，也許這本書所昭示我們的，也是同樣道理，最高超的管理還是應該回歸到人性的基本面吧！

初版推薦序二

樂在工作，創造價值

黃逸松（英特爾亞太區行銷及技術總監）

一個人職業生涯的發展除了專業技能，影響最大的因素可能是職場上的人際關係。《葛洛夫給你的一對一指導》透過讀者與作者的互動，不僅談到如何與上司、部屬及同事相處，也針對人事、溝通、時間管理等方面的主題，爲讀者提供許多實用的建議。

葛洛夫是全球知名的專業經理人，曾任英特爾總裁、執行長、董事長等要職，還是公司的「資深顧問」。英特爾的文化強調平等，即便葛洛夫身爲執行長或董事長，英特爾的人仍直接稱呼他「安迪」。從書中，我們看到安迪在管理方面精闢獨到的見解，他是工程師出身，做過研究實驗的工作，擅長找出問題的癥結，尋求適當的解決之道。

本書整理了眾多讀者提出的問題，反映了不同行業、不同職位的人可能碰到的狀況，安迪建議的解答，有很多是在英特爾實行多年且證明有效的方法。例如，本書有不少篇幅討論時間管理，而大多數人覺得工作上最耗時間的就是干擾與開會。我們利用定期會議及提高開會效率的方式來解決，這在英特爾也是徹底落實的。每一個新進員工都需要接受如何開會的訓練，會議要事前準備、事後追蹤進度與執行成效，而且會議室和電話會議頻道需要預訂並限制時間，這些壓力在無形中就會提升開會的效率。需要特別溝通的時候，我們經常運用「一對一」會議，不只是主管對部屬，部屬也可以主動要求和主管一對一，甚至同事之間，都能透過這個方式處理工作上的問題。

本書〈導言〉提到英特爾傳統的「開放論壇」會議，到今天我們還是經常舉辦，而且非常受到員工歡迎。不管是什麼職位的員工，都有機會向高階主管直接反映問題或提出意見。我們希望高層的人直接聽到基層員工的聲音，而不是過濾之後的資訊。剛開始的時候，員工可能不敢開口，一方面是語言的障礙，另一方面是亞洲文化位階分明而形成的心理障礙，但是時間一久，大家就會接受這樣的溝通方式，而且會很樂意表達。

英特爾一向是開放的公司，而且做得很徹底。我們的辦公室是開放空間，從執行長到業務員，每個人的隔間都一樣大，經理人不只是「門戶開放」，而是根本沒有門，徹底打破溝通的障礙。有人擔心這樣的設計可能造成干擾，但我們的辦公室其實很安靜，因爲如果需要講話，無論要當面討論或電話會議，我們可以到不同大小的會議室，所以英特爾的會議室也特別多。這種辦公室設計體現了英特爾強調的兩個精神，一是開放，二是公平。經理人沒有必要比較誰的辦公室大，也不會有專屬停車位或其他特權，更能把注意力集中在工作上，要比就比較誰的績效好。

這種直接、坦率、實事求是、重視結果的管理風格，是在安迪的領導下逐漸形成。安迪是優秀的執行者，又能以身作則，英特爾的人多少都直接或間接受到他的影響，即使離開英特爾、到了別的地方，可能還會帶著這樣的習性與態度。我們有一張發給員工隨身攜帶的小卡片，正面是年度行事曆，背面印著英特爾強調的價值觀，提醒員工重視顧客、紀律、品質，鼓勵員工承擔風險，共同創造優質的工作環境，更要重視產出的結果。《葛洛夫給你的一對一指導》反映出英特爾做事的方式，也表達了這些價值觀。

英特爾是全球化的公司，一個團隊可能有不同國籍的成員，出差及跨國多方電話會議已經是日常工作的一部分。由於科技的進步，我們做事的方式改變了很多，帶著行動電話與筆記型電腦，我們在旅館或其他地方一樣處理公事、收發郵件，甚至可以即時回應。如今，在外地出差或是在辦公室，也沒有多大的區別了。然而，我們還是會爲了人事、時間等等問題而煩惱，本書建議的原則與方法也同樣適用。

《葛洛夫給你的一對一指導》是安迪多年管理經驗的分享，有助於提升個人與企業的競爭力，同時又能創造愉快的工作環境，指導我們在職場上努力工作，也要學習樂在工作。

（吳鴻採訪整理）

初版推薦序三

該怎麼做就怎麼做

魏正元（中國喜士多連鎖超商總經理、大潤發前總經理）

上回讀葛洛夫是他的《十倍速時代》，看完之後，覺得這老先生還真是頑固又堅持。堅持要做好事情，堅持要花時間把事情做好，近乎偏執，難怪那本書的英文書名直譯是《唯偏執者得以生存》。這回葛洛夫把他與許多讀者的一對一信件拿出來分享，超過百封信件的問與答讀下來，還是一句話：「該怎麼做就怎麼做」，也就是執著。

葛洛夫執著什麼？在公司裡有問題，覺得有問題的甲方要找被覺得有問題的乙方好好談。甲方可能是你、你的老闆、你的上司、你的同儕，甚至是你的客戶或你找工作的面談者，乙方也可能是你、你的老闆、你的上司、你的同儕，甚至是你的客戶或你找工作的面談者。在公司或組織裡，大致上就是這些人造成了絕大部分的管理問題或議題，「你」一定是其中之一，不是這個問題，就是那個問題。如果不是你有問題，就是你要去解決問題。

在公司裡有哪些問題？同仁上班嚼口香糖或聊天、老闆自大不以身作則、屬下聰明但是搞得大家不舒服、面談時遭到歧視或騷擾等，這本書都有。你會不會覺得很奇怪：書裡明明寫著美國公司的職場問題，竟然好像就是你周遭的故事？那就對了，管理的問題果然很普遍，所以管理的書籍不只要讀一本，不只要讀中國式管理，不只可以從《易經》的陰陽裡得到體會，做半導體出身的葛洛夫寫的書，賣臭豆腐的也可以看。

葛洛夫說：「……曾經有人問過我，從多年的管理經驗當中，我學習到的一項最有用的管理方法是什麼，要我明確指出來。我的答案是：安排定期的一對一會談。」從頭到尾，這本書就是用這種執著的一對一面談精神，解決以上的問題。葛洛夫面對問題時，先以同理心回應提問者，讓人覺得手法非凡，之後進入問題釐清或剖析，展現見樹見林的工夫。而最後，他總是建議與當事人面對面一對一談談。把自己的感受講清楚，把疑問提出來。要說有什麼方法能解決或是澄清問題，就是面對面溝通。有時候溝通沒解決問題，卻可以提供進一步的行動指引，例如遞辭呈。話講完了，互相了解了，員工換公司或公司資遣員工也是美好的結束。

管理理論的實踐就這一個方法嗎？當然不是，但葛洛夫的經驗跟另一位只講 6-sigma 的先生比起來，葛洛夫的書有堅持，也有人性。如果你只有一分鐘想知道本書重點的話，我可以把葛洛夫的一對一面談的精神歸納一下：

- 清楚說出你的看法與感受；
- 堅定正直的立場；
- 專業的說法；
- 必要的委婉態度。

剩下來就是時間的投資與優先順序安排。如果你把與部屬的溝通放在下達命令之前，大概就懂了「參與式管理」。如果你在正式會議前先諮詢過老闆的意見，那麼你也懂得「向上管理」的第一步了。但是如果你把員工的績效評核延誤了一個月，卻仍口口聲聲說人力資源優先，時間久了，管理就白費力氣了。這一切，都是葛洛夫要強調的一對一面對面會談的精神。

提醒一下，千萬不要把在走廊上見面的寒暄當做是一對一的面談，然後告訴自己：「我已經跟他溝通過了，但是沒效。」還要記得，運用時要融入當地文化，有些亞洲企業的老闆還不太習慣和員工一對一面談。

這麼多的職場智慧，我非常樂於推薦，而且建議大家買回家之後不要只讀一次。此外，我也想藉此機會，推薦另一本同樣有很多職場智慧的書：《自慢》。好的管理書不分中外，一起推薦給大家。

One-on-one with Andy Grove
By Andrew S. Grove

實戰智慧館 471

OKR 之父葛洛夫給你的一對一指導

如何管理上司、同事和你自己

作　　者——安德魯・葛洛夫（Andrew S. Grove）
譯　　者——吳鴻

副 主 編——陳懿文
編輯協力——林孜懃
特約校對——呂佳眞
封面設計——萬勝安
行銷企劃——舒意雯
出版一部總編輯暨總監——王明雪

發 行 人——王榮文
出版發行——遠流出版事業股份有限公司
104005 台北市中山北路一段 11 號 13 樓
電話：(02)2571-0297　傳眞：(02)2571-0197　郵撥：0189456-1
著作權顧問——蕭雄淋律師

2007 年 11 月 1 日　初版一刷
2023 年 6 月25 日　二版五刷
定價——新台幣 380 元（缺頁或破損的書，請寄回更換）

ISBN 978-957-32-8651-6

ylib 遠流博識網 http://www.ylib.com
E-mail:ylib@ylib.com
遠流粉絲團 https://www.facebook.com/ylibfans

國家圖書館出版品預行編目 (CIP) 資料

OKR 之父葛洛夫給你的一對一指導：如何管理上司、同事和你自己／安德魯・葛洛夫（Andrew S. Grove）著；吳鴻 譯 . 二版 . -- 臺北市：遠流，2019.10

面；　公分 . --（實戰智慧館；471）

譯自：One-on-one with Andy Grove : how to manage your boss, yourself and your coworkers

ISBN 978-957-32-8651-6（平裝）

1. 職場成功法　2. 組織管理　3. 人際關係

494.35　　108014980